KB096886

교육을 위한

젭 ZEP 탐구생활

TCA 열린학교 시리즈

교육을 위한

젭 ZEP 탐구생활

현직 교사들이 전하는 에듀테크 젭 활용 입문서

조안나, 조재범, 배준호 지음

추천의 글

"메타버스라는 키워드가 정점에 있었던 2022년을 지나, 올해 2023년은 과도했던 거품이 빠지고 본질적인 쓸모를 갖는 곳이 살아남고 있는 시간입니다. ZEP(젭)은 메타버스가 어떻게 하면 단순 게임이나 마케팅 수단이 아닌 보다 대중적이고, 실제 현실을 바꿀 수 있을지에 대한 고민 끝에 탄생한 서비스입니다. 그래서 이번 하강 국면이 젭이 더 가치를 인정받고, 돋보일 수 있는 시기라 자신하고 있습니다.

젭 에듀(ZEP EDU)를 만들었던 순간을 회고해보자면, 저희에게 젭의 교육 활용은 의도하고 제작한 것이 아닌 '발견'이었습니다. 작년 여름 어느 한 선생님께서 수학 방탈출 맵을 만든 것을 보고, 젭이 만드는 메타버스가 교육의 미래구나 느꼈습니다. 하지만 각 시도 교육청을 다니며 현장의 목소리를 듣다 보면, 아직도 젭을 사용하는 것이 어렵다는 의견을 많이 받습니다. 저희가 분발해서 제품의 사용성을 개선해야겠지만, 하루빨리 더 친절하고 교육계의 눈높이에 맞춘 가이드가 필요하다고 생각했습니다.

그 와중에 이 책에 대한 추천사를 제안받고, 한 장 한 장 정독했습니다. 공식 가이드라고 해도 손색이 없을 정도의 세세함에 놀라고, 저희가 할 일을 대신해주신 느낌에 감사했습니다. 교사분들께서도 젭으로 학생들이 더 재미있고, 효과적으로 학습할 수 있도록 이 책을 곁에 두고 자주 참고하면 많은 도움이 될 것이라 생각합니다.
어느 자료보다 상세하게, 차근차근 설명되어 있는 글을 읽으며, 지난 1년간 팀원들과 흘려온 땀이 의미 있었다는 생각에 뿌듯함도 들고, 동시에 책임감을 느낍니다. 젭 팀도 관심에 보답하기 위해 열심히 달려나가겠습니다. 끝으로 코로나가 끝나고 메타버스 열풍이 꺼진 지금도 시간을 쪼개 더 나은 교육을 위해 고생해주고 계신 교육자분들께 깊은 존경을 표합니다." _**김상엽**, 네이버 젭(ZEP) 공동대표

"교육 현장에 새로운 가능성을 열어줄『교육을 위한 젭 탐구생활』을 강력 추천합니다. 메타버스 플랫폼 젭을 통해 미래교육을 실현해줄 이 책은 교사, 학생, 학부모 모두에게 귀중한 가이드북입니다. 메타버스를 이용해서 공부하는 방법, 학부모님들이 자녀의 학습을 지원하는 방법, 교사들이 가상 공간에서 학생들에게 지식을 전달하는 전략에 대해 배울 수 있습니다. 이 책은 메타버스 젭을 활용한 교육이 어떻게 현실의 교육을 보완하고, 기존의 교육 방식에 새로운 변화를 가져올 수 있는지에 대한 인사이트를 제공합니다. 교육의 혁신을 꿈꾸는 교사, 학생, 학부모 모두에게 필독서로 기대되는 이 책을 통해 메타버스 교육의 흥미로운 세계를 경험해보시길 바랍니다." _**심창용**, 경인교육대학교 영어교육학과 교수

"불과 몇 년 사이에 메타버스라는 말이 익숙해졌습니다. 처음에는 딴 나라 말처럼 느껴졌는데 말이죠! 반가운 것은 용어만 친숙해진 게 아니라 그동안 메타버스를 어떻게 교육적으로 활용할지 많은 사람들이 함께 고민했다는 점입니다. 디

지털 대전환 시대에 살고 있는 학생들에게 메타버스, 인공지능, 빅데이터 등의 교육은 선택이 아니라 필수가 되었습니다. 『교육을 위한 젭 탐구생활』은 많은 메타버스 플랫폼 중, 학생들에게 쉽고 친숙한 '젭'을 어떻게 교육적으로 활용할 수 있는지, 실제 수업에서는 어떻게 적용되고 있는지 먼저 고민한 저자들의 노하우를 알 수 있는 책입니다. 메타버스 교육을 고민하는 이 시대의 교육자들에게 적극 추천합니다." **_이준권**, 교사크리에이터협회 회장

"이 책은 메타버스를 교육에 활용하고 싶은 교육자들이 반드시 알아야 할 젭(ZEP)의 기본기들을 담고 있습니다. 메타버스에서 가상 세계를 만들어내는 것부터 시작하여, 에셋과 맵을 커스터마이징하고, 퀴즈 맵을 구성하는 방법, 그리고 아이소매트릭 디자인(2.5D), 에셋 스토어에 출시하기 등 메타버스 생활에 필요한 부분을 빠짐없이 담고 있습니다. 또한 교육에 활용 가능한 다양한 맵을 소개하고 바로 적용할 수 있도록 상세히 안내하고 있습니다. 디지털 리터러시가 중요한 현대 사회에서, 교육 분야에서 메타버스를 이용하는 것은 교육의 효율성을 높이는 것은 물론, 학생들의 창의성과 협력 능력을 키우는 데에 큰 도움이 됩니다. 이 책을 통해 메타버스를 이해하고 활용함으로써, 우리는 교육의 새로운 패러다임을 만들어갈 수 있을 것입니다." **_한준구**, 삼양초등학교 교사, 코난쌤TV

프롤로그

『교육을 위한 메타버스 탐구생활』을 출간한 지 반년 정도의 시간이 흘렀습니다. 반년이라는 시간은 느끼는 사람에 따라 짧다면 짧고, 길다면 긴 상대적인 시간이겠지요. 하지만 적어도 메타버스와 관련된 반년은 결코 짧지 않았습니다. 그걸 가장 많이 느끼게 해준 것은 웹 기반의 메타버스 플랫폼 젭(ZEP)이었습니다.

지난 책에서 젭을 소개할 때는 게더타운의 대안으로서 젭을 탐색했습니다. 그 당시에 젭은 베타버전으로 서비스되고 있었기 때문입니다. 그리고 약 반년의 시간이 흐른 현재, 젭은 정식으로 서비스되고 있습니다. 베타버전 때부터 지금까지 지속적으로 젭을 사용하고 그 추이를 살펴보며 많은 변화를 체감했습니다. 처음에는 게더타운의 후발주자로 시작했던 젭이 게더타운에서는 지원하지 않는 여러 서비스와 에셋 스토어, 젭 스크립트 등의 기능을 지원하며 게더타운을 넘어서는 모습을 보았습니다. 그리고『교육을 위한 젭 탐구생활』 집필의 필요성을 느꼈습니다.

앞서 출간한『교육을 위한 메타버스 탐구생활』의 집필 목적은 교직에 종사하고 있는 분들에게 메타버스의 필요성에 대해 이야기하고, 교육적으로 활용할 수 있는 방안과 사례를 제시함으로써 미래교육에 대해 함께 생각해보고자 함이었습니다. 그리고 이번 **『교육을 위한 젭 탐구생활』은 젭을 교육용으로 활용하고 싶은 교육자들과 젭 크리에이터로 발돋움하고 싶은 분들에게 도움이 될 수 있는 가이드로서 집필**을 하게 되었습니다.

오늘날 우리는 메타버스 춘추전국시대를 살고 있습니다. 수많은 메타버스 플랫폼들이 새롭게 만들어졌다가 사라지고, 또 새로운 플랫폼이 생겨나고 있습니다. 메타버스 춘추전국시대의 한 가운데에 서서 여러 플랫폼들을 연구하면서 5년, 10년 뒤에도 살아남을 플랫폼은 과연 무엇일지를 생각해봅니다. 이 책에서 소개하는 젭(ZEP)은 5년 뒤, 10년 뒤까지 살아남을 수 있을까요? 집필진이 미래학자는 아니기 때문에 감히 섣부르게 단언할 수는 없지만, 젭은 최소한 5년 뒤에도 서비스되고 있을 플랫폼 중 하나일 것입니다. 그 이유는 젭이 '2D 기반 메타버스 플랫폼'의 대표격으로 떠오를 만큼 꾸준히 업데이트되며, 사용자를 확보하고 있기 때문입니다.

젭은 여러 메타버스 플랫폼들 중 진입장벽이 가장 낮은 축에 속합니다. 그렇기 때문에 초보자도 쉽게 메타버스를 시작하고, 교육적 활동을 시도해볼 수 있습니다. 『교육을 위한 젭 탐구생활』에서는 젭에서 제공하는 여러 가지 기능을 소개하고 교육적 활용 방안을 나누고자 합니다. 메타버스 플랫폼에 익숙하지 않은 분들도 분명 어렵지 않게 접근할 수 있을 것입니다.

차례

제1부

젭 탐구생활

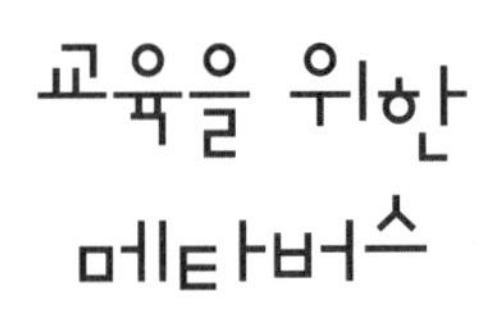

세계보건기구 WHO가 코로나19로 인한 펜데믹을 선포한 이후, 벌써 3년 남짓한 시간이 훌쩍 지났습니다. 여전히 코로나 변이 바이러스는 강한 전염성을 지니고 있고, 신규 확진자가 평균 약 1만 명(2023년 3월 10일 기준)에 육박하지만, 이제 더 이상 사람들은 코로나를 예전만큼 두려워하지 않습니다. 사회적 거리두기는 2022년 4월을 기점으로 해제되었고, 2023년 1월 30일을 기점으로 의료기관, 감염취약시설, 대중교통을 제외한 곳에서 마스크 의무가 해제되었습니다. 이제는 정말 단계적 일상회복인 위드 코로나(With Corona)의 시대로 접어든 것 같습니다.

그런데 이 시점에서 교육자로서 드는 의문이 하나 있습니다. 지난 3년간 메타버스에 대한 관심이 급증한 만큼, 오늘날 많은 메타버스 플랫폼들이 생겨났습니다. **마치 메타버스 춘추전국시대를 방불케 할 만큼 많은 메타버스 플랫폼이 등장했지요. 그런데 이 와중에 '교육을 위**

한 메타버스는 어디에 있을까?' 하는 의문이 여전히 남습니다. 좀 더 정확히 표현하자면 지금 '교육을 위한 메타버스, 교육을 위한 메타버스 플랫폼은 존재하는가?'라는 물음이 적합할 것 같습니다.

어떻게 생각하시나요?

저는 안타깝게도 현재 교육을 위한 메타버스는 존재하지 않는다고 생각합니다. 각 시·도 교육청, EBS 등에서 교육용 메타버스 플랫폼을 개발하기 위해 여러 가지를 시도하고 있지만, 완성되어 성공적으로 서비스되고 있는 플랫폼이 아직은 없습니다. 그리고 이는 그리 놀라운 일이 아닙니다.

메타버스는 태생적으로 교육을 위해 탄생한 것이 아니기 때문입니다. 메타버스를 구현하기 위해 연구와 개발을 진행하고 있는 주체는 대부분 기업입니다. VR, XR 등의 기술을 연구하고, 메타 퀘스트, 뷰직스 같은 웨어러블 기기를 개발하는 것 역시 사기업이 주도하고 있습니다. 그리고 그런 사기업들은 메타버스를 이루는 여러 가지 핵심 기술들을 연구하고 개발하느라 매우 바쁩니다. 세계적으로 빠르게 변화하는 시장에서 살아남기 위해 전력투구 중이며, 많은 예산을 쏟고 있습니다. 그리고 당연히 대기업 입장에서 교육용 메타버스 플랫폼을 개발하는 것은 큰 돈이 되는 시장도 아니며, 메리트도 부족합니다. 감히 짐작건대 정부 또는 교육부 차원의 예산 투입이 없다면 교육용 메타버스가 개발, 사용화, 보급화되는 것에는 앞으로 더 많은 시간이 필요할 것입니다.

그럼 교육자인 우리는 무엇을 해야 할까요?

가장 쉬운 방법이 있습니다. 교육용 메타버스가 개발되기까지 기다리는 것입니다. 기획 단계부터 오직 교육을 위한 메타버스, 메타버스 플랫폼이 개발되기까지 기다렸다가, 보급된 이후 사용하는 것입니다. 하지만 이 방법에는 문제점이 있습니다. 언제 교육자들의 입맛에 딱 맞는, 모든 게 갖춰진 교육용 메타버스가 개발되어 보급될지 모른다는 것입니다. 아주 가까운 1, 2년 내일 수도 있고, 혹은 10년이 걸릴지 아무도 모릅니다. 사실 교육을 하는 사람의 입장에서는 기다리는 건 어렵지 않습니다. 시간이 지나면 자연스럽게 개발될 테니까요.

가장 문제가 되는 것은 아이들입니다. 바로 우리가 '교육용 메타버스가 개발되기를 기다리는 동안 학교를 다니는 아이들'은 메타버스에 대한 교육적 경험 없이 10대를 보낼 수도 있다는 것입니다. 특히 학교 교육 외에 다른 교육적 경험을 갖기 어려운 환경에 있는 아이들에게는 더 좋지 않은 이야기지요. 디지털 대전환의 시대를 살아가는 아이들에게는 디지털 매체를 교육적으로 활용하는 경험이 필요합니다. 메타버스, 인공지능에 대한 교육적 경험은 아이들의 식견을 넓혀주고, 새로운 가능성을 열어줍니다. 앞으로 아이들이 살아나갈 미래를 보여주고, 더 넓은 세상을 알려주고, 다양한 꿈을 꾸게 해줄 수도 있습니다. 그런데 우리가 교육용 메타버스가 개발되기까지 무작정 기다린다면, 이 시기의 아이들은 메타버스에 대한 교육적 경험 없이 학교를 졸업을 하게 될 것입니다.

그렇다면 우리가 현시점에서 할 수 있는 일은 하나입니다.

기존의 상용화된 메타버스 플랫폼을 연구해서, 교육적으로 활용하는 방법을 찾는 것입니다. 교육계에서 메타버스를 활용하기 위해서는 '어떤 메타버스를 구체적으로 어떻게 활용할 것인지'에 대한 방법을 고민하고 연구해야 합니다. 상용화되어 서비스되는 메타버스 플랫폼을 내가 가르치는 학교급과 학생 수준에 맞게 활용하기 위해 학습 환경을 구축하고, 플랫폼에서 제공하는 기능을 활용한 교수·학습 계획을 세워야 합니다. 하지만 이 방법은 말처럼 쉽지만은 않습니다.

메타버스 플랫폼을 교육에 적용하기 위해서는 기본적으로 메타버스 플랫폼에 대한 이해와 기본 기능 습득이 바탕이 되어야 합니다. 그래야 제대로 된 교수·학습 계획을 세우고, 내 수업에 자유자재로 활용할 수 있기 때문입니다. 하지만 학교에서, 교육청에서 이러한 방법을 교사들에게 하나하나 친절하게 잘 알려주지는 않습니다. 이 책을 펴낸 이유가 바로 여기에 있습니다. 『교육을 위한 젭 탐구생활』은 메타버스 플랫폼인 젭(ZEP)을 교육과 수업에 활용하고자 하는 분들을 돕기 위해 쓰였습니다.

메타버스의 춘추전국시대

오늘날 우리는 메타버스 춘추전국시대를 살고 있습니다. 때로는 '이 많은 메타버스 플랫폼을 언제 다 살펴보지? 너무 많지 않나?' 하는 생각이 들 만큼 수많은 메타버스 플랫폼들이 개발되고 사라지고, 또 생겨나고 있습니다.

『교육을 위한 메타버스 탐구생활』에서 다룬 제페토, 이프랜드, 게더타운, 젭, 코스페이시스, 로블록스, 마인크래프스, 모질라허브 또한 모두 메타버스 플랫폼들입니다. 이 외에도 최근 서비스되고 있는 스팟(SPOT)이나 메타버스 공간을 제작할 수 있는 서비스인 브이알웨어(VRAWRE), 교육적으로 활용하기에는 거리가 있지만 메타버스 플랫폼 자체로 유명한 디센트럴랜드, 더샌드박스 등 아주 다양한 플랫폼이 존재합니다. 여러분이 이 글을 읽고 있는 지금도 새로운 플랫폼이 생겨나고 있을 것입니다.

이렇게 다양한 플랫폼이 존재하기 때문에 우리에게 더욱 중요해진 것은 **'어떤 메타버스 플랫폼을 사용할 것인지'**와 **내가 메타버스 플랫폼을 활용해서 '달성하고 싶은 교육적 목표가 무엇인지'를 명확히 하는 일**입니다. 예를 들어 학생들이 교육적으로 코딩을 익히면서, 재미와 몰입, 성취감을 함께 느끼게 하고 싶다면 코스페이시스, 로블록스, 마인크래프트를 활용하는 수업을 기획하면 좋습니다. 학습자의 수준에 따라 블록코딩을 가르칠 것인지, 텍스트코딩을 함께 가르칠 것인지에 따라 플랫폼을 선택하면 되지요. 패션디자인, 의상디자인과 연계된 창작 활동을 메타버스를 활용해 좀 더 효과적으로 교육하고 싶다면 제페토 스튜디오를 활용하거나, 이프랜드 스튜디오를 활용해야겠죠. 중요한 것은 내가 달성하고자 하는 교육 목표에 알맞은 플랫폼을 선택하고, 교육적으로 잘 엮어내는 것입니다.

여러분은 얼마나 많은 메타버스 플랫폼에 대해 알고 계신가요? 앞에서 언급된 플랫폼들 중 교육적으로 활용해본 플랫폼이 얼마나 있으신가요? 아마 많은 경우 플랫폼의 이름은 알고 있지만, 직접 이용해보고 그것을 교육에까지 활용해본 경험이 있는 분은 드물 것입니다.

우리가 현재 상용화된 모든 메타버스 플랫폼을 다룰 수는 없습니다. 현실적으로 어렵지요. 반복적으로 말하지만, 이런 메타버스의 춘추전국시대 같은 상황에서는 내가 **메타버스 플랫폼을 어떤 목적으로 활용하고자 하는지를 먼저 생각하고, 그 목적에 알맞은 플랫폼을 선정**해야 합니다.

혹 지금 당장 뚜렷한 교육 목적을 생각하고 있지는 않은데, 메타버스 플랫폼을 하나쯤은 다뤄보고 싶다면 그때는 되도록 교육적 활용도가 높은 다양한 기능을 제공하는 플랫폼을 선택하는 것도 좋은 방법입니다.

이런 방향으로 메타버스 플랫폼에 접근할 때 젭(ZEP)은 교육적 활용 가능성이 높은 플랫폼입니다.

상용화된 메타버스 플랫폼들 중 난이도가 낮기 때문에, 교사와 학생 모두 접근이 쉽습니다. 또한 웹 기반 플랫폼이기 때문에 스마트폰, 태블릿PC, 컴퓨터 등 다양한 기기에서 접속이 자유롭습니다. 에셋 스토어 기능을 통해 크리에이터를 위한 환경을 조성하고, 젭 스크립트를 공개함으로써 앱이나 게임을 개발할 수 있는 환경 또한 제공하고 있기 때문에 숙련자에게도 자유도가 높습니다. 그리고 무엇보다 교사와 학생을 위한 오브젝트와 맵을 꾸준히 업데이트하고 있으며, 교육 맵 제작 공모전을 여는 등 운영진들이 '젭의 교육적 활용'에 여러 노력을 기울이고 있습니다. 만약 여러분이 메타버스 플랫폼을 딱 하나만 선택해서 학생들과 다양한 교육 활동을 진행하고 싶다면 '젭'을 가장 먼저 추천하고 싶습니다.

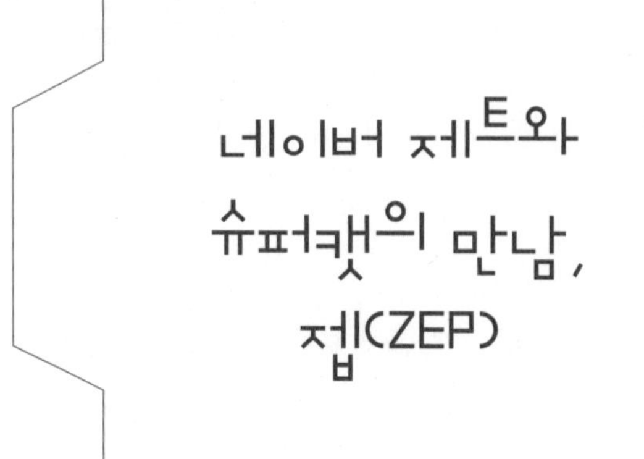

젭은 2D 그래픽의 가벼운 웹 기반 메타버스 플랫폼입니다. 2022년 3월에 정식 오픈하였고, '제페토(ZEPETO)'를 제작한 네이버 제트(NAVER Z)와 '바람의나라: 연'을 제작한 슈퍼캣(SUPERCAT)이 설립한 합작 법인에서 젭을 개발하여 서비스하고 있습니다.

네이버 제트와 슈퍼캣, 두 회사가 손을 맞잡고 법인을 설립했을 때의 장점이 무엇일까요? 그것은 각 회사가 가진 노하우와 장점만을 결합하여, 더 좋은 플랫폼을 만들 수 있다는 점입니다. **네이버 제트가 개발한 제페토의 장점은 '크리에이터'를 위한 서비스를 제공하는 것에 특화되어 있다는 점**입니다. 제페토가 출시 1년 6개월 만에 글로벌 누적 가입자 약 1억 3,000만 명이라는 엄청난 기록을 보유할 수 있었던 것은 누구나 쉽게 '크리에이터'가 될 수 있는 기능을 제공했기 때문입니다. 제페토 스튜디오(Zepeto studio)에서는 3D 프로그램을 전혀 다

제페토(위), 바람의 나라: 연(아래)

루지 못하는 사람도 아바타 아이템을 디자인할 수 있습니다. 빌드잇(Build it)을 이용하면 가상 공간에 나만의 건축물을 세우고, 도시 환경을 구축할 수도 있죠. 그뿐만 아니라 내가 디자인한 아이템을 전 세계의 제페토 사용자들에게 판매할 수도 있습니다. 즉 누구나 손쉽게 크리에이터가 될 수 있도록 하는 기능을 제공한 것이 제페토의 성공 요인 중 하나였습니다.

한편 **슈퍼캣의 장점은 2D(도트) 캐주얼 RPG를 잘 만드는 개발사이자, 대용량 트래픽 처리 기술을 보유하고 있다**는 것입니다. 네이버 제트는 제페토의 성공을 기반으로 메타버스 플랫폼에 대한 노하우와 크리에이터를 위한 서비스 제공의 이점을 잘 알고 있습니다. 하지만 네이버 제트가 가지고 있는 노하우는 3D 기반의 플랫폼을 기반으로 한 것입니다. 2D 그래픽을 기본으로 하는 플랫폼의 운영 노하우는 부족

할 수밖에 없습니다. 바로 이러한 점을 슈퍼캣이 보완합니다.

슈퍼캣은 '바람의나라: 연'을 성공적으로 런칭하였으며, 2D 기반의 캐주얼 RPG를 제작하는 노하우와 경험을 가지고 있습니다. 또한 많은 수의 인원이 동시 접속했을 때에도 원활히 서버를 유지할 수 있는 기술력과 개발 역량을 갖추고 있습니다. 젭이 5만 명까지 동시 접속이 가능하다고 홍보할 수 있는 이유 또한 이러한 기술력에 근거하고 있습니다.

젭을 이야기하면서 게더타운(Garther.town)을 언급하지 않을 수 없겠지요. '웹 기반의 2D 그래픽 가상세계 공간'이라는 점에서 젭은 게더타운과 기본 포맷이 같기 때문입니다. 게더타운의 출시는 2020년 9월, 젭의 정식 서비스 오픈은 2022년 3월이기 때문에 젭은 누가 보아도 게더타운을 모델로 삼아 등장한 후발주자라는 것을 부인할 수 없습니다.

그래서 처음 젭이 등장했을 때, 우리는 젭을 '게더타운의 대안'으로

게더타운(왼쪽)과 젭(오른쪽)의 기본 포맷

바라보았습니다. 하지만 지금은 게더타운의 대안이 아닌 '젭' 자체만을 놓고 이야기합니다.

젭 개발진은 제페토를 운영하며 경험한 '크리에이터를 위한' 서비스 경험과 노하우를 젭(ZEP)에 접목하여, 게더타운과는 다른 독자적인 차별성을 확보했습니다. 뒤에서 자세하게 다룰 '에셋 스토어'가 그 대표적인 서비스입니다. 사용자가 직접 맵, 오브젝트, 앱, 미니 게임을 만들고 업로드하여 스토어에 판매할 수 있는 구조를 갖춤으로써 게더타운과의 차별성을 만들고, 누구나 쉽게 크리에이터가 될 수 있는 길을 열었습니다.

젭이 출시된 지 1년도 안 된 시점에서 이미 누적 사용자 100만 명을 돌파한 것과 현재까지의 행보를 보았을 때, 네이버 제트와 슈퍼캣, 두 회사가 손을 맞잡은 것이 최선의 선택이었다는 생각이 들 만큼, 젭은 각 회사가 가진 노하우와 장점을 잘 조화시킨 플랫폼으로 거듭나는 중입니다.

학생과 교사를 위한 젭 에듀(ZEP EDU)

학생과 교사가 메타버스 플랫폼을 활용하기 위해서는 넘어야 할 산이 하나 있습니다. 그것은 바로 '메타버스 플랫폼의 사용 연령'입니다. 현재 상용화된 메타버스 플랫폼을 학교 현장에서 사용할 때 교사들이 가장 어려워하는 부분 중 하나이지요.

사실 메타버스 플랫폼의 사용 연령 제한 이슈가 교사들에게 크게 논의가 되었던 계기는 '게더타운' 때문이었습니다. 2021년 한 해 국내 교육계에서 가장 많이 사용된 메타버스 플랫폼, 또는 가장 많이 알려진 플랫폼 중 하나는 단연코 '게더타운'일 것입니다. 학교가자닷컴에서도 여름 캠프를 게더타운으로 실시한 적이 있고, 많은 교사와 학생들에게 유용하게 활용된 적이 있습니다. 하지만 2022년 이후 게더타운은 초등학교에서 사용할 수 없습니다. 바로 사용 연령 제한 때문입니다.

'어? 이상하다. 분명히 초등학교에서 게더타운을 활용하는 영상을 본 적이 있는데?'라고 생각하는 분이 계실 것 같습니다. 맞습니다. 2021년 국내에서 게더타운을 교육적으로 활용하는 선생님들이 계셨고, 많은 연수 강의들이 있었습니다. 그리고 2021년 초에는 분명 게더타운의 사용 연령은 15세 이상이었습니다. 그러나 그 후 사용 연령 정책이 한 번 더 바뀌었습니다. 현재 만 13세 미만은 게더타운을 이용할 수 없습니다. 그리고 14~18세 학생들은 조건부 이용이 가능합니다. 조건부 이용이라는 표현을 사용한 이유는 게더타운의 '사용약관'에서 다음과 같이 일부 상충되는 내용이 언급되어 있기 때문입니다.

게더타운은 '고객의 서비스 사용'과 '아동 개인 정보 보호'의 두 항목에서 사용자 연령에 대해 언급합니다. 첫째, 게더타운은 아동을 대상으로 하지 않으며, 13세 미만의 아동이 플랫폼 또는 서비스에 액세스하는 것을 허용하지 않는다.

Gather

2.3 고객의 서비스 사용 고객은 데이터 개인 정보 보호, 국제 통신, 수출 및 기술 또는 개인 데이터 전송, 소비자 및 아동 보호, 외설 또는 명예 훼손과 관련된 것을 포함하되 이에 국한되지 않는 모든 관련 법률 및 규정을 준수하여 서비스를 사용해야 합니다. Gather는 아동을 대상으로 하지 않으며 귀하는 13세 미만의 아동이 플랫폼 또는 서비스에 액세스하는 것을 허용할 수 없습니다.

게더타운의 개인 정보 보호 정책 - 고객의 서비스 사용

둘째, 18세 미만의 경우 서비스를 사용하거나, 자신의 데이터를 게더타운에 전송해서는 안 된다.

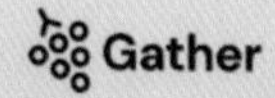

아동 개인 정보 보호에 대한 당사의 약속

Gather에서는 어린이의 개인 정보를 매우 중요하게 생각합니다. 본 서비스는 18세 이상의 기업 및 개인을 위해 마련되었습니다. Gather는 18세 미만의 개인으로부터 고의로 개인 데이터를 수집하지 않습니다. 귀하가 18세 미만인 경우, 귀하는 서비스를 사용하거나 이용하려고 시도하거나 자신에 대한 데이터를 Gather에 전송해서는 안 됩니다. 18세 미만의 개인으로부터 개인 데이터를 직접 수집한 사실을 발견하면 해당 데이터를 서비스에서 즉시 제거하기 위해 적절한 조치를 취할 것입니다.

게더타운의 정책 - 아동 개인 정보 보호

저자가 게더타운 측으로 직접 '사용자 연령'에 대해 문의하여 받은 답변에서도 "14~18세의 학생을 대상으로 게더타운을 사용할 경우에는 게더타운에 연락하여, 해당 이벤트가 접수되면 게더타운에서 적합성 및 지원 여부를 판단하겠다"는 답을 받았습니다. 정리하면 게더타운의 경우 만 13세 미만은 사용 불가, 14~18세는 조건부 이용이 가능하다고 정리할 수 있겠습니다.

이러한 사용 연령 제한에 대한 이슈는 게더타운을 교육적으로 활용하고자 했던 많은 선생님들에게 조금 안타까운 소식이라고 할 수 있습니다. 하지만 다행히도 젭이 이 아쉬움을 보완해줄 수 있는 좋은 대체재가 되어줄 수 있습니다.

그 이유는 젭이 교육을 위한 메타버스 플랫폼을 기치로 내세우며 '젭 에듀(ZEP EDU)'를 함께 서비스하기 때문입니다. 젭 역시 약관을 살펴보면 만 14세 미만 사용자에게는 서비스를 제공하지 않는다고 명시되어 있습니다. **하지만 젭 에듀는 학교에서 제공하는 웨일스페이스 계정만 있으면 초·중학교 학생도 나이 제한과 무관하게 젭을 이용할 수 있습니다.**

메타버스 플랫폼의 사용 연령 제한이라는 부담감을 내려놓을 수 있다는 점에서 젭 에듀는 반가운 서비스입니다. 초등학교에서 근무하는 교사라면 학교에서 젭 에듀를 사용할 때 웨일스페이스 계정과 연동하여 사용하면 좋습니다. 만 14세 이상인 중학교 2학년부터 고등학생의 경우에는 젭 에듀가 아닌 젭을 자유로이 사용하는 게 편리합니다.

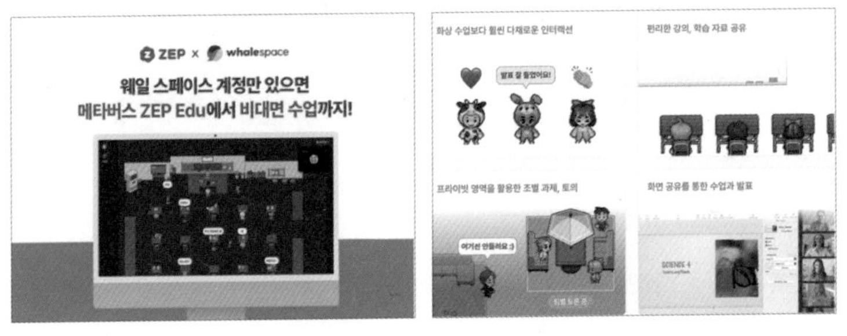

웨일스페이스와 연동된 젭 에듀

젭 에듀를 사용하기 위해 학교에서 웨일스페이스(Whalespace)를 연동하는 절차는 다음과 같습니다.

1. 소속 교육청 담당자에게 연락하여 웨일스페이스 사용 신청하기

현재 전국 17개 시·도 교육청이 모두 웨일스페이스를 도입(2022. 11. 기준)하고 있습니다. 이미 충청남도의 '마주온', 경상남도의 '아이톡톡' 등과 같이 일부 시·도 교육청에서는 웨일스페이스 계정을 각 학교에 생성해주고 사용할 수 있도록 하고 있습니다. 만일 교육청에서 웨일스페이스 계정을 발급받지 못하였다면, 해당 지역 교육청 담당 부서에 웨일스페이스 도입 진행 여부를 문의해보고 웨일스페이스 학교 관리자 계정을 신청할 수 있습니다.

2. 교육청에 '학교 관리자 계정' 신청하기

학교에 있는 모든 학생이 젭 에듀를 사용하기 위해서는 학교의 '관리자 계정'을 생성해야 합니다. 시·도 교육청 담당 부서로 연락하여 신청할 수 있으며, 이때 관리자 계정은 정보부장 등의 학교 대표 관리자가 신청할 수 있습니다. 관리자 계정 신청을 위해서는 담당자 이름, 전화번호, 이메일, 학교 번호(NAC), 공식명칭, 주소가 필요합니다.

3. 각 학년 반 계정 만들기

교육청에 학교 관리자 계정을 신청한 다음에는, 관리자와 협의하여 각 학년, 반에서 필요한 계정을 만들 수 있습니다.

기본 절차는 이와 같으며, 웨일브라우저 고객센터 웹 페이지 '웨일 스페이스 학교 가입 방법'에서 교육청별 담당자 및 학교 지원 가이드를 살펴볼 수 있습니다. 다음 표는 서울의 예시입니다.

지역	담당부서	상세 가이드
서울 특별시	서울특별시 교육청 중등교육과 원격교육팀	1. 웨일 스페이스 학교 계정이 있는지 담당자(정보부장 등)에게 확인. - 학교 계정이 있는 경우 학교 관리자가 학생, 교사 ID 발급. 2. 학교 계정이 없는 경우 담당자가 공문(붙임1, 3번)을 참조하여 교육청에 신청. - 공문(2021.6.9.) [첨부1] - 신청양식(엑셀파일), 학교 계정 신청서 - 제출처: edutech@sen.go.kr 3. 웨일스페이스 관리자 계정 관련 질의는 웨일스페이스 카페 질문요청 게시판 활용. - https://cafe.naver.com/whalespace

아바타 아이템 디자인 과정

웨일스페이스 학교 가입 방법 안내 페이지:

https://help.naver.com/service/17587/contents/15063?lang=ko

위 주소에 접속하면, 각 시·도 교육청의 담당 부서 및 담당자와 관련된 정보가 나와 있습니다. 젭 에듀를 지속적으로 초등학교에서 학생들과 사용하고 싶은 교사라면 미리 확인 후 학교 계정을 만드는 것을 추천드립니다.

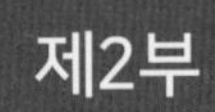

제2부

젭의 교육적 활용

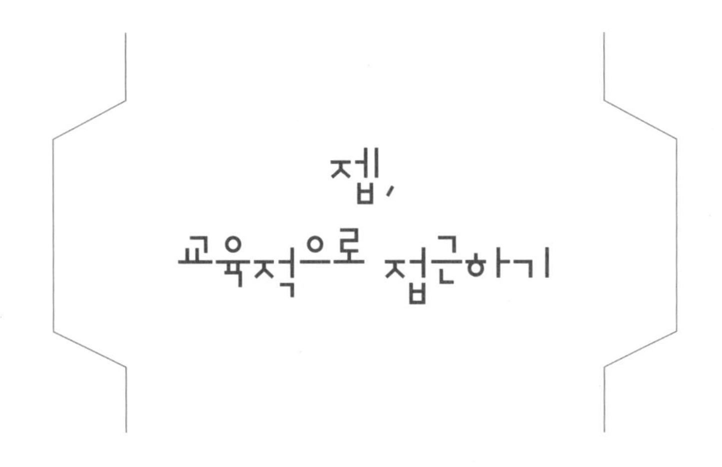

교육을 하는 사람들에게는 메타버스 플랫폼 자체보다 메타버스 플랫폼을 활용해서 어떻게 수업을 할 수 있으며, 어떤 교육 목적을 달성할 수 있는지가 더 중요합니다. 그리고 플랫폼을 활용했을 때, 그렇지 않았을 때보다 교육적 효과가 분명 더 뛰어나야 합니다. 이러한 시각은 메타버스 플랫폼을 하나의 에듀테크로 바라보는 교육자의 시선과 입장을 전제로 합니다.

따라서 교육자들에게 중요한 것은 '젭'이 아니라 '젭을 교육적으로 활용하는 방법'입니다. **다행히 젭은 교육 현장에서 활용하기에 좋은 여러 가지 조건들을 갖추고 있습니다.** 그 조건은 다음과 같습니다.

첫째, **처음 접하는 사람도 1시간이면 사용 방법을 익힐 수 있을 정도로 조작이 쉽습니다.**

ⓘ **이동 방법: 화살표** 키 또는 **WASD** 키를 사용하여 키보드의 ZEP 스페이스 안에서 쉽게 이동할 수 있습니다. 키보드 대신에 마우스로 클릭하여 이동하는 것도 가능합니다.

둘째, **교육용 맵의 개발이 활발히 이루어지고 있어 교육적으로 활용하기에 편리합니다.**

젭 사용자들이 자발적으로 교육용 맵을 제작, 공유하기도 하고, 젭 운영진에서 '교육 맵 공모전'을 열어 상금을 걸고, 맵 개발에 힘을 쏟기도 합니다.

다음 이미지는 젭 에셋 스토어에 업로드된 여러 가지 무료 교육용 맵입니다. 사용자가 마음에 드는 맵을 선택하여 바로 활용하거나, 맵의 일부를 수정하거나 오브젝트를 추가할 수 있기 때문에 편리합니다.

에셋 스토어에 업로드된 교육적 활용이 가능한 맵

티셀파의 젭 메타버스 교실

한편 교육 관련 기업에서 교육용 맵을 개발하여 공유하기도 합니다. 대표적인 사례가 티셀파(Tsherpa)에서 제공하는 젭 메타버스 교실입니다.

티셀파의 '젭 메타버스 교실'은 초등학교 교과 수업 내용을 바탕으로 제작한 맵과 관련 활동지를 함께 제공하는 서비스입니다. 교사라면 누구나 무료 사용이 가능하며, 초등 수학, 사회, 사회과부도, 과학 교과를 학습할 수 있는 18개의 교과 맵과 수학, 사회, 과학 과목의 평가를 돕는 10개의 평가 맵으로 이루어져 있습니다. 각 맵은 교과의 단원과 함께 연계되어 다운받을 수 있는 '학습지'와 '체험하기' 맵을 함께 제공하기 때문에 해당 단원을 수업할 때 학생들과 가볍게 활용하기에 좋습니다.

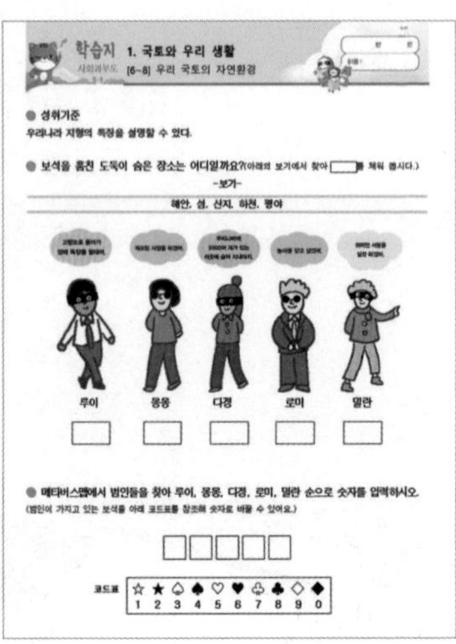

학습지 1. 국토와 우리 생활

사회과부도 [6~8] 우리 국토의 자연환경

● 성취기준

우리나라 지형의 특징을 설명할 수 있다.

● 보석을 훔친 도둑이 숨은 장소는 어디일까요?(아래의 보기에서 찾아 ☐를 채워 봅시다.)

-보기-

해안, 섬, 산지, 하천, 평야

루이 몽몽 다경 로미 멜란

● 메타버스맵에서 범인들을 찾아 루이, 몽몽, 다경, 로미, 멜란 순으로 숫자를 입력하시오.

(범인이 가지고 있는 보석을 아래 코드표를 참조해 숫자로 바꿀 수 있어요.)

코드표	☆	★	♤	♠	♡	♥	♧	♣	◇	◆
	1	2	3	4	5	6	7	8	9	0

티셀파의 젭 메타버스 교실: 사회과부도(김정인, 박용조) - 우리나라의 자연환경

다음으로 교육 현장에서 젭을 활용하기 좋은 **세 번째 이유는 초보자부터 개발자까지 다양한 사람들을 타깃으로 삼아 확장성이 높다는 점입니다.** 젭을 처음 사용하는 사람, 메타버스 플랫폼을 젭으로 처음 접한 사람도 젭에서 제공하는 기본 템플릿을 사용하여 손쉽게 맵을 제작할 수 있습니다. 맵을 제작하기 위해 템플릿을 선택하는 것은 클릭만 할 줄 알면 될 만큼 쉽습니다.

기본 템플릿의 경우 교실, 운동장, 튜토리얼, 학교방탈출, OX퀴즈, 달리기 경기장 등 교육과 관련된 맵을 포함하여 총 45여 개(2023. 1 기준)의 다양한 맵을 제공하고 있습니다. 여기에 에셋 스토어의 맵을 포함할 수 있기 때문에 선택의 폭이 넓습니다.

기본 템플릿: 교실

기본 템플릿: 튜토리얼

한편 코딩을 다룰 수 있는 개발자는 맵, 오브젝트 외에 '앱'과 '게임'을 직접 만들고, 젭에 연동시킬 수 있습니다. 코딩을 전문적으로 다룰 수 있는 개발자가 아니더라도 젭 스크립트를 공부해서 앱, 게임을 만들 수 있도록 튜토리얼과 젭 스크립트(Zep Script) 예제 코드 또한 공개하고 있습니다.

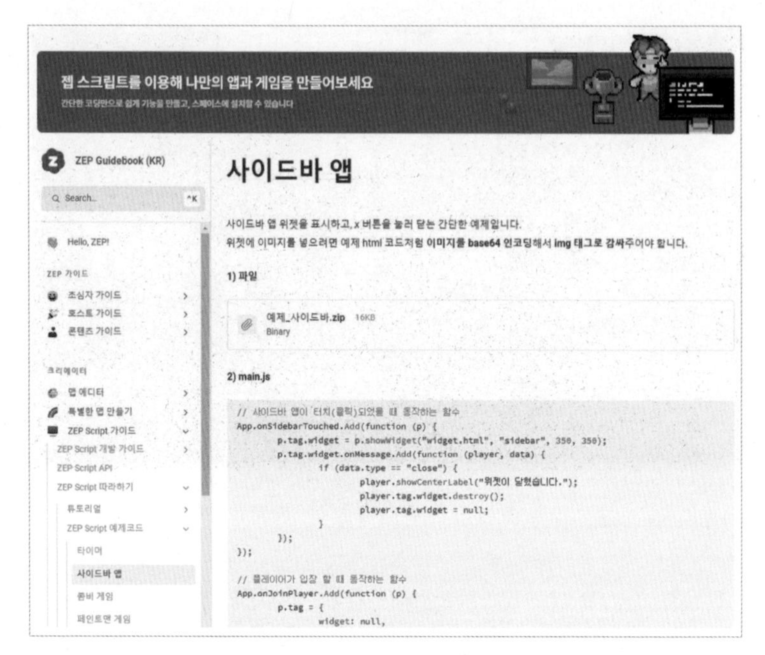

젭 스크립트 사이드바 앱 예제 코드

이러한 서비스는 젭의 확장성을 높일 뿐만 아니라, 게임을 개발하거나, 앱 제작을 경험하고 싶은 학생의 심화 교육에도 유용합니다.

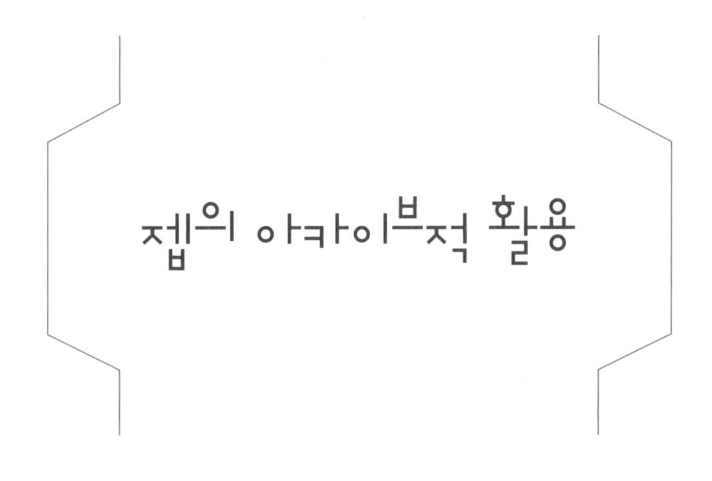

젭의 아카이브적 활용

아카이브(archive)란 가치 있는 소장품이나 자료 등을 디지털화하여 기록, 보관하는 것 또는 그러한 장소를 의미합니다. 메타버스 플랫폼 또한 아카이브 공간으로 활용할 수 있습니다.

메타버스 아카이브의 대표적인 모습은 예술가의 작품 전시회 형태라고 볼 수 있습니다. 현실에서는 한정된 미술관 공간에 많은 수의 작

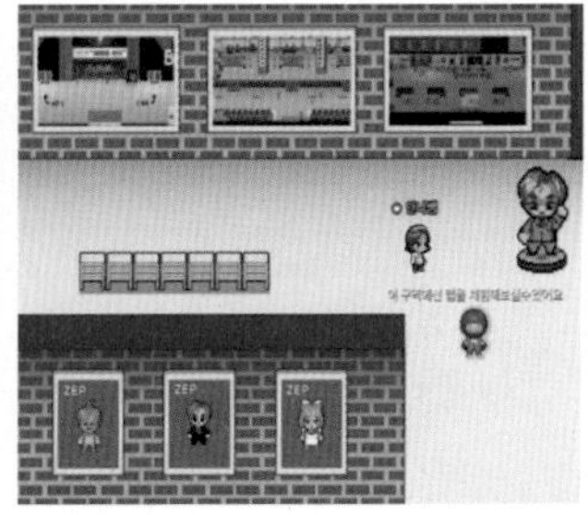

젭 미술관 메타버스

품을 전시할 수 없습니다. 그래서 완성도가 높으며 대중에게 선보이고자 하는 작품들만 전시하게 됩니다. 하지만 메타버스 공간은 현실보다 훨씬 많은 것을 담을 수 있기 때문에, 전시 공간임과 동시에 아카이브 공간으로도 활용 가능합니다. 이때 전시는 미술작품에 한정된 것이 아니며, 정보를 전달하고자 하는 목적을 가진 대상을 모두 포함합니다.

교육과 관련된 맵 또한 이러한 방식의 아카이브적 형태로 활용되는 경우가 많습니다. 예를 들어 부산광역시 교육청에서 만든 '부산 직업계고 메타버스(https://zep.us/play/y1bRXO)'를 살펴보면 아카이브적 형태로 활용되는 맵의 구성 방식을 이해할 수 있습니다.

'부산 직업계고 메타버스' 맵을 살펴보면 직업계고의 정의, 직업계고에서 배울 수 있는 것과 혜택 등과 관련된 정보가 이미지, URL 형태로 연결되어 있습니다. 홍보영상, 졸업생 인터뷰 영상도 맵 안에 삽입

부산 직업계고 메타버스

되어 있습니다. 이러한 형태가 바로 행사 전시장의 형태임과 동시에 언제든지 접속해서 관련 정보(데이터)를 찾아볼 수 있도록 보관하는 역할을 겸하는 것입니다. 젭에서 많이 활용되는 아카이브 유형의 사례이면서, 교육적으로 젭을 활용할 때 많이 쓰이는 방식입니다.

교육적으로 접근할 때 메타버스를 활용하는 아카이브적 활용 방식은 국어, 사회, 영어, 미술 등 여러 교과와도 연계할 수 있습니다. 전시회 성격의 아카이브의 경우 미술 교과의 사례를 떠올리기가 쉽기 때문에, 미술 교과를 예로 들어보겠습니다. 미술과의 경우 '2022개정 교육과정'에서 디지털 기반의 교수·학습과 메타버스를 활용한 학습을 적극적으로 권장하고 있습니다.

다음 글은 2022개정 교육과정의 교수·학습 방법의 일부입니다.

(다) 미술 교과 학습 환경이 변화를 고려하여 온·오프라인 연계가 가능한 **디지털 기반 교수·학습 방법을 활용**할 수 있다.

- 온·오프라인 연계 학습은 학습의 목표 달성 및 효과를 극대화하기 위해 온라인 수업과 오프라인 수업 등을 다양한 방식으로 혼합한 교수·학습 방법이다. 학습 상황을 고려하고 온·오프라인 수업의 특징을 분석하여 각 수업의 장점이 잘 연계되도록 한다.
- 미술과에서 활용 가능한 디지털 기반 교수·학습 방법에는 실감형 콘텐츠 활용 학습 방법, **메타버스 활용 학습 방법**, 학습 관리 시스템(LMS: Learning Management System) 활용 학습 방법 등을 예로 들 수 있다. 실감형 콘텐츠를 활용한 활동은 실재감을 구현하여 학

습에 몰입감을 높이고, 공감각적 상호작용이 가능하다. 새로운 지각 경험을 통해 미적 체험, 표현, 감상의 영역을 확장할 수 있다. **메타버스를 활용한 활동은 가상 공간에서 전시회를 열거나 관람할 수 있다.**

- 디지털 기술을 활용하여 학습자의 개별 특성과 학습 속도에 적합한 맞춤형 학습을 도울 수 있다. 학습관리시스템을 활용하면 실시간 온라인 협업을 통해 작품 및 결과물 공유, 전시가 가능하며 학습자의 관리와 분석, 피드백 제공 등 원격수업 상황에서도 학습자에게 적합한 지원으로 학습 효과를 높일 수 있다.

2022개정 미술과 교육과정 시안: 교수·학습 및 평가 중 교수·학습 방법

여기서 살펴볼 수 있듯이 2022개정 교육과정에서는 미술 교과의 새로운 교수·학습 방법으로 "메타버스를 활용하여 가상 공간에서 전시회를 열거나 관람하고, 협업을 통해 작품 및 결과물을 공유할 수 있다"는 내용이 새롭게 제안되고 있습니다. 그리고 메타버스를 활용한 전시회를 열거나 아카이브 형태로 맵을 구현하기 위해서는 당연히 플랫폼 활용이 필수입니다.

사실 가상 공간에서 전시회를 열 수 있는 플랫폼은 다양합니다. 제페토(Zepeto), 스페이셜(Spatial), 코스페이시스(CoSpaces), 모질라허브(Mozilla hubs) 등 여러 플랫폼에서 전시회를 개최할 수 있습니다. 하지만 여러 가지 정보를 아카이브 형태로 함께 게시하면서 실시간으로 수업을 함께 할 수 있는 플랫폼은 의외로 많지 않습니다. 예를 들어 제페토에서 미술관을 제작한다면 이미지 외 다른 동영상, pdf 파일, 유튜브 링크를 게시할 수 없다는 한계가 있습니다. 모질라허브의 경우 여러 가지 파일을 게시하고, 링크를 업로드하는 등 다양하게 3D 전시장을 구현할 수 있지만, 제작의 난이도가 조금 높습니다. 그런 면에서 젭은 여러 가지 형식의 자료를 업로드할 수 있으며, 줌과 같은 화상과 아바타를 동시에 사용할 수 있으면서도, 조작이 쉽기 때문에 누구에게나 접근성이 뛰어나다는 장점이 있습니다.

젭을 활용한 메타버스 미술관의 대표적 사례로 '환기미술관 메타버스 전시회'를 살펴볼 수 있습니다. 환기(WHANKI)미술관은 한국 근현대 추상미술의 거장인 김환기 화백의 예술세계를 연구, 전시, 출판하고 관련 작품을 소장 보관하며, 문화예술 콘텐츠를 활용한 교육 프로그램 실행 및 예술가의 창작 활동을 지원하는 비영리공익재단법인입니다. 환기미술관에서는 2022 박물관·미술관 주간 '함께 만드는 뮤지엄' 선정 전시인 '뮤지엄 보이스'를 젭을 활용하여 공개하기도 했습니다. 이른바 메타버스 환기미술관을 개관한 것입니다.

환기미술관 메타버스 젭 전시회 모습

메타버스 속 작품 오브젝트와 함께 게시된 실제 작품 이미지 정보

메타버스 환기미술관은 미술관 정원, 본관과 별관, 전시실 등을 구현하였으며, 실제 김환기 화백의 작품 모습을 띠는 오브젝트들을 구현, 전시하여 현장감을 느낄 수 있게 한 것이 특징입니다.

이처럼 아카이브 형태의 전시장을 제작할 때 젭은 아주 좋은 플랫폼입니다. 누구나 젭에서 제공하는 기본 템플릿 또는 에셋 스토어의 맵을 활용하여 아카이브 전시장을 손쉽게 만들 수 있기 때문입니다. 예를 들어 아래 맵은 에셋 스토어에 무료로 업로드된 '메타버스 전시

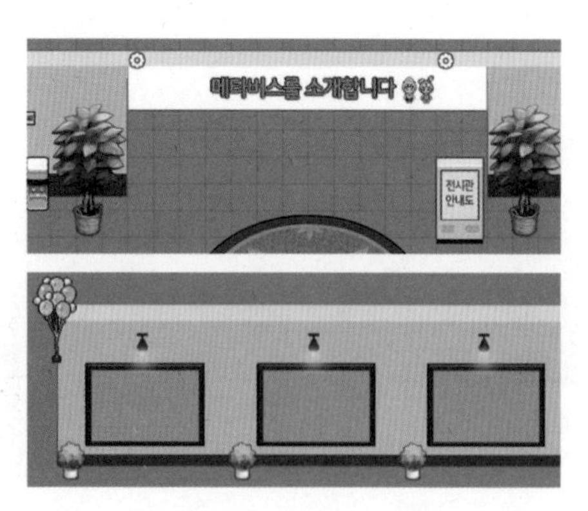

에셋 스토어: 메타버스 전시관 모습(일부), 무료 구입

관'의 모습입니다.

우리는 이 '메타버스 전시관' 맵을 에셋 스토어에서 구매한 다음, 다음과 같이 맵을 수정하여 나만의 전시장을 만들 수 있습니다.

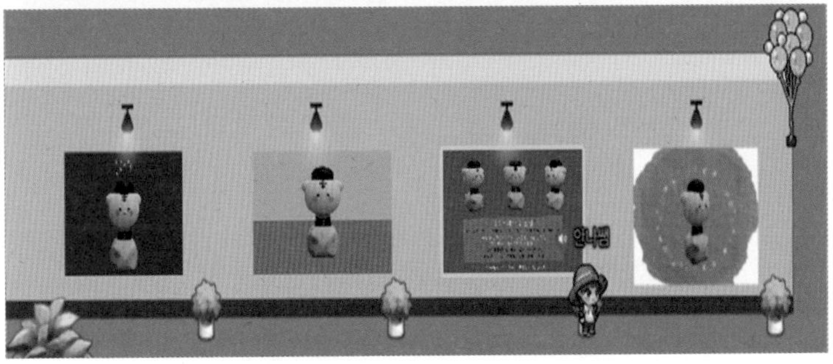

나만의 전시장 예시

현수막 느낌이 나는 이미지와 전시장에 배치할 이미지만 업로드하면 그럴싸한 전시관이 뚝딱 만들어집니다. 전시된 작품을 클릭(F키를 눌러 상호작용)했을 때, 보여주고 싶은 이미지를 보여주거나 유튜브 링크 또는 드라이브로 연결하는 것도 간단합니다.

중요한 것은 이처럼 메타버스 플랫폼을 교육 행사장 외 아카이브 형태로도 충분히 활용할 수 있다는 점입니다. 학생들이 한 학기 동안 공부한 결과물, 또는 수행평가 결과물 등을 한곳에 모아 기록, 전시하고, 많은 사람에게 공유할 수도 있다는 점에서 활용도가 높습니다. 메타버스를 교육적으로 활용하고자 하는 사람들에게 좋은 활용 방안이 될 것입니다.

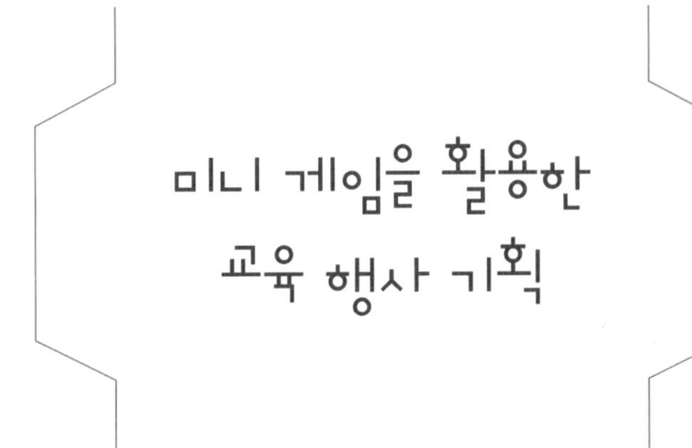

미니 게임을 활용한 교육 행사 기획

젭을 교육적으로 활용하는 방법 중 하나는 교육 행사를 온라인으로 진행하는 것입니다. 학교 축제, 동아리 체험부스 등을 메타버스와 연계하여 진행하는 것 또한 교육 행사의 일종입니다. 교육 행사를 진행할 때 젭에서 제공하는 미니 게임 기능을 활용하면, 행사의 꽃이라고 부를 수 있는 재미있는 이벤트를 기획할 수 있습니다.

교육 행사에서 재미와 흥미를 북돋아주는 다양한 미니 게임

젭에서 행사를 할 때 아주 유용하게 사용할 수 있는 기능이 있습니다. 바로 아이스브레이킹과 레크리에이션을 가능하게 하는 미니 게임 기능입니다. 젭에서 제공하는 미니 게임은 총 9가지로 초성 퀴즈, 좀비 게임, 페인트맨, 똥 피하기, OX퀴즈, 복싱(결투), 봄버맨즈, 달리기, 퀴즈! 골든벨입니다. 현재는 9가지 종류의 게임(2023년 1월 기준)을 제공하고 있지만, 사용자들이 직접 미니 게임을 제작할 수 있는 시스템이 마련되어 있기 때문에 앞으로 더 다양한 게임들이 공유될 것이라고 생각합니다.

미니 게임을 사용할 때는 사전 테스트를 통해 학교 행사에 사용하기에 적합한지에 대하여 미리 확인을 하는 것이 좋습니다. 사전 테스트를 하면서 적합하다는 생각이 든다면 교육 행사의 성격에 알맞은 미니 게임을 설정하고, 행사를 진행하면 됩니다.

9가지의 미니 게임

미니 게임을 실행하는 방법은 맵의 왼쪽 사이드바에서 [미니 게임]을 선택한 다음, [미니 게임] 목록에서 실행할 게임을 선택하면 됩니다.

미니 게임은 어떤 맵에서든지 손쉽게 실행하고 진행할 수 있기 때문에 누구나 쉽게 활용 가능하다는 장점을 가지고 있습니다. 달리기, 퀴즈! 골든벨, OX퀴즈를 제외한 6가지 미니 게임은 교실, 야외운동장, 공원 등 모든 맵에서 쉽게 실행할 수 있습니다. 달리기, 퀴즈! 골든벨, OX퀴즈가 제외되는 이유는 각 미니 게임을 설명하면서 알려드리겠습니다. 그럼 지금부터 젭에서 교육 행사에 활용할 수 있는 미니 게임을 하나하나 살펴보겠습니다.

페인트맨 게임

첫 번째로 소개할 게임은 '페인트맨' 게임입니다. 페인트맨은 2인 이상의 사용자가 모여, 캐릭터 이동을 통해 맵 바닥을 팀의 색상(레드와 블루)으로 더 많이 칠하면 승리하는 게임입니다.

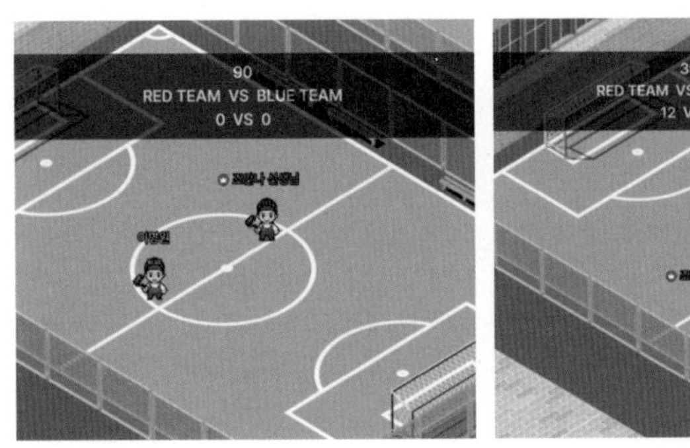

페인트맨 게임 플레이 모습

게임이 시작되면 아바타의 의상이 빨간색과 파란색으로 바뀌며, 레드팀과 블루팀으로 나뉩니다. 시간은 총 90초이며, 그동안 캐릭터를 움직이면서 상대보다 더 많은 페인트를 칠해야 합니다. 다른 사람이 이미 칠해놓은 바닥 위를 지나가도 색이 바뀝니다. 마치 체육대회 때 하던 '방석 뒤집기' 같은 게임을 젭 안에서 할 수 있는 것입니다. 90초가 지나면 자동으로 종료되며, 누가 얼마나 많은 칸을 색칠했는지가 공개되기 때문에 심판이 따로 필요하지 않습니다.

페인트맨 게임을 하다 보면 사람들이 공간 곳곳으로 이동하면서, 행사장을 둘러볼 수 있게 만드는 데 효과적입니다. 또한 교육 행사를 진행하면서 가벼운 아이스브레이킹이 필요할 때 요긴하게 사용할 수 있는 기능입니다.

똥 피하기 게임

'똥 피하기' 게임은 페인트맨과 같이 2인 이상이 함께 할 수 있는 게임입니다. 게임이 시작되면 화면 위쪽에서 랜덤으로 똥이 생성되어 바닥으로 떨어집니다. 이때 시간이 지날수록 더 많은 똥이 더 빠르게 떨어집니다. 이런 똥을 피하면서 마지막까지 생존한 플레이어가 우승자입니다. 똥을 피하지 못하고 맞게 되면, 플레이어는 탈락하며 캐릭터가 묘지 모양으로 변합니다. 똥 피하기 게임을 하기 위해선 플레이어들이 움직이기에 충분히 넓은 공간이 있는 맵이 좋습니다.

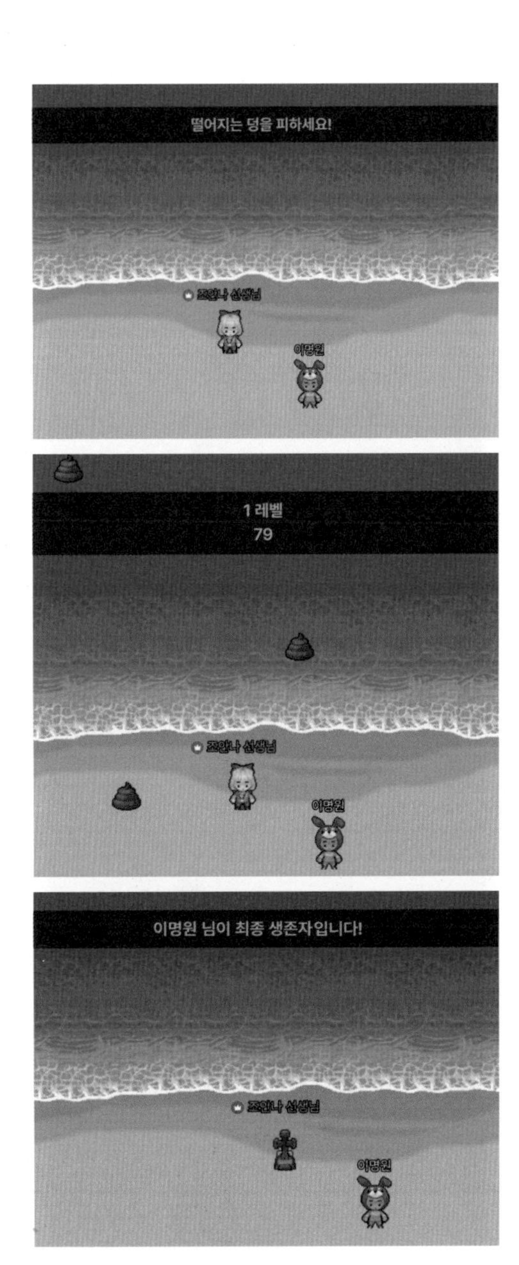

똥 피하기 게임 플레이 모습

좀비가 되어 사람들을 감염시키세요. 숙주는 더 빠릅니다.
사람들은 최선을 다해 도망쳐 최후의 생존자가 되세요.
이단비
조안나 선생님
이명원
이단비
<P:ZERO>
이명원
조안나 선생님
이단비 님이 최종 생존자 입니다!
최강의 좀비 [이명원] 감염 수 : 1
이단비
<P:ZERO>

좀비 게임 플레이 모습

좀비 게임

'좀비' 게임은 좀비로 변한 사람을 피해 최후까지 생존하는 게임입니다. 페인트맨과 똥 피하기 게임이 2인 이상부터 할 수 있다면, 좀비 게임은 3인 이상부터 할 수 있는 게임입니다.

게임이 시작되면 무작위로 일부 플레이어의 모습이 좀비로 변합니다. 좀비가 된 플레이어는 다른 플레이어와 부딪쳐서 좀비로 감염시킬 수 있습니다. 생존자는 좀비를 피해 달아나야 하며, 마지막 생존자가 나올 때까지 게임이 진행됩니다. 마지막까지 생존한 플레이어와 가장 많이 감염시킨 좀비 플레이어가 우승자(MVP)가 됩니다.

좀비 게임은 시간 제한 게임이 아니며, 최후의 생존자가 나올 때까지 진행되기 때문에 넓은 맵에서 진행하면 게임 시간이 너무 길어질 수 있습니다. 동아리 축제 또는 학교 축제를 진행할 때, 좀비 게임 플레이 공간을 별도로 설정하고, 그 공간 안에서 플레이를 진행하는 것도 하나의 즐거움이 될 수 있으리라 생각합니다.

OX퀴즈

'OX퀴즈'는 교육 행사와 교수·학습 모두에서 유용하게 쓸 수 있는 기능입니다. 3인 이상부터 플레이할 수 있습니다. OX퀴즈가 시작되면 모든 플레이어들이 OX퀴즈 지역으로 자동으로 이동됩니다. 그리고 출제자는 문제와 정답을 입력합니다. 문제가 출제되면 20초가 주어지며 이 시간 동안 플레이어는 O 또는 X 영역으로 이동하여 정답을 선택해야 합니다. 정답을 맞히면 OX퀴즈 영역에 남게 되지만 탈락하

OX퀴즈 맵에서 플레이하는 모습

는 경우 영역 밖으로 자동 이동됩니다. 좀비 게임과 마찬가지로 최후에 1명이 남게 되면 게임이 종료됩니다. 최후의 1명이 남을 때까지 진행하기 위해서 충분한 문제를 준비해야 합니다.

다른 미니 게임과 OX퀴즈를 함께 진행하기 위해서는 기본적으로 제공하는 'OX퀴즈 맵' 사용을 추천합니다. 기본으로 제공하는 OX퀴즈 맵은 OX퀴즈를 진행하기 위해 필요한 사전 설정이 세팅되어 있어 있기 때문에 바로 사용할 수 있어 편리합니다.

만일 OX퀴즈 맵이 아닌 다른 맵에서 한다면 사전 맵 설정이 필요한데 본문 55쪽의 그림과 표를 함께 살펴보면서 설명하겠습니다. OX 퀴즈맵이 아닌 다른 맵에서 OX퀴즈를 진행하기 위해서는 맵 에디터에서 4가지의 Location 타일을 지정해야 합니다.

각 Location 타일들의 기능을 설명해두었으므로 그림과 표를 참고

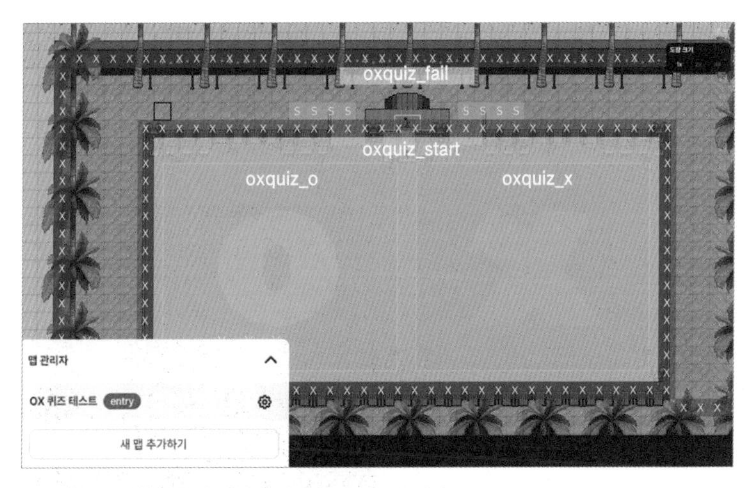

OX퀴즈 지정 영역

Location 명칭	기능
oxquiz_x	X 지역의 명칭
oxquiz_o	O 지역의 명칭
oxquiz_fail	OX퀴즈에서 탈락하거나 게임이 종료되면 이동되는 장소
oxquiz_start	OX퀴즈를 시작하면 이동되는 장소

하여 새로운 맵에 타일을 설치하면 되겠습니다. 제작하면서 각별히 유의해야 할 점은 각 Location 명칭들은 맵 에디터의 타일 효과 중 '지정 영역'의 이름과 반드시 동일해야 한다는 것입니다.

맵 설정을 하였다면 우측 상단 '저장' 버튼을 클릭한 뒤 '플레이' 버튼을 클릭합니다. 문제 출제자는 미니 게임에서 OX퀴즈 블록을 소환

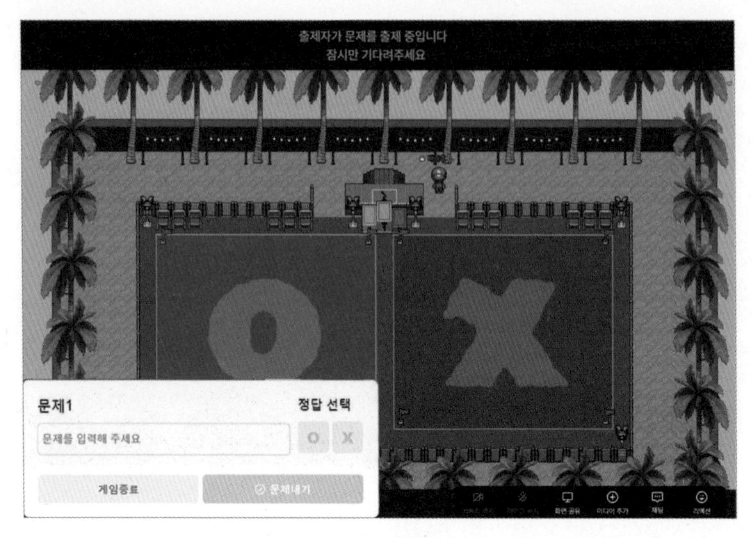

OX퀴즈 세팅

한 다음에 채팅창에 '!oxmaster'를 입력합니다. 그러면 OX퀴즈를 세팅할 수 있는 화면이 나타납니다.

사전 설정을 마쳤으므로 'QUIZ READY' 버튼을 클릭합니다. 그다음에 'Make a Quiz' 창이 나타나는데 여기서 문제와 정답들을 설정합니다. 설정이 끝나면 'GO!' 버튼을 눌러 OX퀴즈를 시작해서 즐거운 레크리에이션 시간을 가지면 됩니다.

복싱 게임

다섯 번째로 설명할 미니 게임은 '복싱'입니다. 복싱은 격투 미니 게임으로 플레이어들끼리 주먹으로 서로 공격하여 쓰러뜨리는 대결을 펼쳐 우승자를 뽑는 미니 게임입니다.

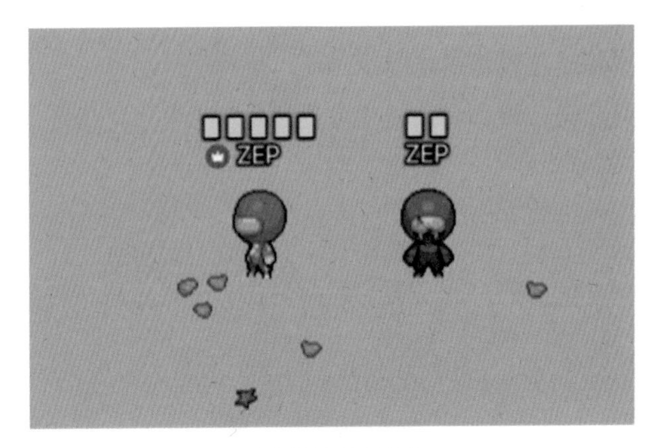

복싱 게임 플레이 모습

플레이어들끼리 주먹의 단축키인 'Z'를 눌러 서로 공격할 수 있습니다. 복싱 미니 게임 중에는 캐릭터 머리 위에 HP가 표시되는데 플레이어가 공격을 받으면 HP가 한 개씩 감소합니다. 모든 HP를 소진한 플레이어는 탈락합니다.

게임 중에는 맵 바깥쪽부터 이동금지 구역이 생성되며, 시간에 따라 그 범위가 점점 늘어납니다. 복싱 게임은 개인전과 팀전이 모두 가능합니다. 팀전의 경우 2개 팀으로 나눠 대결을 펼칩니다. 같은 팀원은 공격할 수 없으며, 우승 팀에서 가장 많은 플레이어를 쓰러뜨린 플레이어가 MVP로 선정됩니다.

봄버맨즈 게임

여섯 번째로 설명할 미니 게임은 '봄버맨즈'입니다. 이 게임은 2인 이상부터 플레이할 수 있습니다. 봄버맨즈의 규칙은 단순합니다. 폭

봄버맨즈 플레이 모습

탄이 된 플레이어를 봄버맨이라고 하는데, 봄버맨은 다른 플레이어에게 폭탄을 전달할 수 있습니다. 정해진 시간이 지나서 카운트가 0이 되었을 때, 폭탄을 가지고 있는 플레이어는 사망합니다. 즉 폭탄을 가지고 있지 않은 플레이어들은 봄버맨을 피해 도망가야 하고, 봄버맨은 다른 플레이어를 쫓아 폭탄을 전달해 최후까지 생존하는 것이 목표인 게임입니다.

봄버맨은 게임이 시작되었을 때 임의로 선정됩니다. 게임이 시작되면 화면에 카운트다운이 표시되며, 카운트가 0이 되었을 시점에 봄버맨은 유령이 됩니다. 봄버맨은 폭탄이 터지기 전에 다른 플레이어에게 부딪쳐 폭탄을 전달할 수 있습니다. 폭탄이 터지면 새로운 봄버맨이 선정되고, 최종 생존자가 남을 때까지 반복됩니다. 게임 중 맵 바깥쪽부터 이동금지 구역이 생성되고 시간에 따라 그 범위가 점점 늘어납니다.

초성 퀴즈 게임

초성 퀴즈 게임

일곱 번째로 설명할 미니 게임은 '초성 퀴즈 게임'입니다. 보라색 네모칸 안에 나타나는 초성 힌트를 보고 제한 시간 내에 낱말을 맞추는 게임으로 제일 먼저 맞추는 플레이어가 이기는 게임입니다. 정답은 채팅창에 입력하면 됩니다. 예를 들어 힌트가 'ㄱㅂ'이 주어졌을 때, 가방이 아니라 다른 낱말인 '기본', '갈비', '김밥' 등을 입력해도 정답으로 인정되지 않습니다. 가방을 입력했을 때만 '정답!'이라고 나타납니다. 만일 제한시간 내에 아무도 맞히지 못하면 정답이 표시됩니다.

달리기 게임

여덟 번째 미니 게임은 '달리기'입니다. 2명부터 최대 500명까지

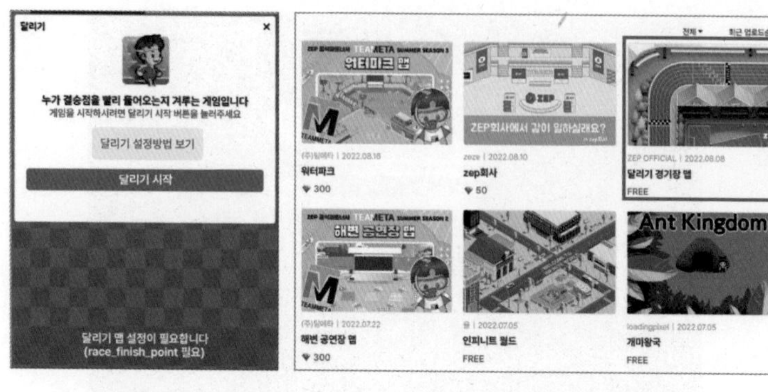

맵 설정 필요　　　　　에셋 스토어 '달리기 경기장 맵'

참여할 수 있고, 권장 플레이 인원은 30명입니다(달리기 기본 맵 기준). 달리기 미니 게임을 일반 맵에서 실행할 경우 '달리기 맵 설정이 필요하다'는 문구가 나타나며 바로 실행이 되지 않습니다. 즉 일반 맵에서 달리기 게임을 하고자 할 때는 사전 설정이 필요합니다. 사전 설정으로 달리기 트랙과 오브젝트를 설정하고, 대기실을 생성하는 등의 준비가 필요하기 때문에 조금 번거롭습니다. 반드시 일반 맵에서 달리기 게임을 해야 하는 경우가 아니라면, 에셋 스토어에서 제공하는 '달리기 경기장 맵'을 다운받아 활용하는 것을 추천합니다.

에셋 스토어에서 '달리기 경기장 맵'을 다운받았다면, '스페이스 만들기'를 클릭하여 맵을 손쉽게 생성할 수 있습니다. 달리기 경기장 맵에 참가자들이 모두 입장하면, 좌측 사이드바에 있는 미니 게임에서 달리기 게임을 선택합니다. 그러면 화면 가운데에 달리기 게임 팝업창이 뜨는데 여기서 '달리기 게임 시작하기' 버튼을 클릭하여 게임을 진행할 수 있습니다.

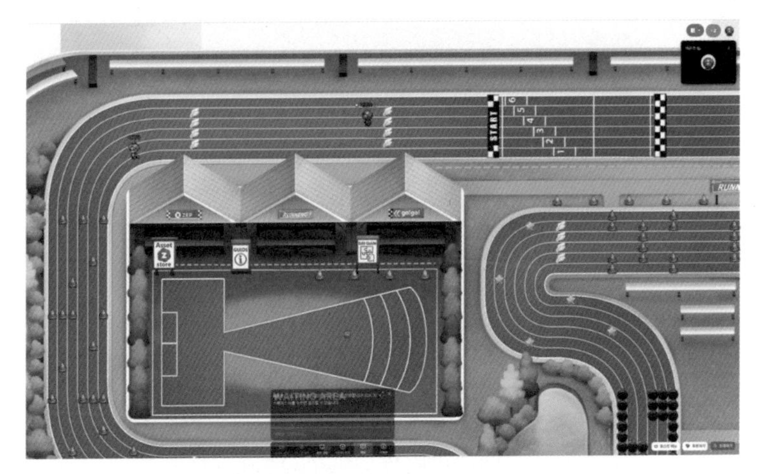

달리기 경기장 맵을 활용한 달리기 미니 게임 모습

만약 달리기 경기장 맵을 바로 사용하지 않고, 나만의 독특한 달리기 경기장을 제작하고 싶다면 새 스페이스에서 트랙을 설정하고 오브젝트를 삽입하면 됩니다.

퀴즈! 골든벨 게임

마지막으로 설명할 미니 게임은 '퀴즈! 골든벨'입니다. 3명부터 500명까지 참여가 가능한데, 권장 플레이 인원은 100명입니다. 이 게임은 진행자가 직접 낸 퀴즈를 참가자들이 맞히는 게임으로 정답을 맞히면 생존할 수 있는 서바이벌 방식의 퀴즈 게임입니다.

OX퀴즈와 다르게 주관식 답을 입력할 수 있습니다. 출제자는 문제와 정답을 입력합니다. 문제가 출제되면 15초가 주어지며 이 시간 동안 플레이어는 정답 입력 칸에 정답을 입력합니다. 정답을 맞히는

골든벨 맵

동안 플레이어의 채팅은 다른 사람에게 표시되지 않습니다. 정답을 맞히면 다음 문제를 풀 수 있으며 오답자는 유령이 되어 탈락합니다. 남은 플레이어가 없거나 출제자가 게임을 종료하면 게임은 끝납니다.

참가자가 많을수록 1등을 뽑기 위해 많은 문제를 준비해야 합니다. 이 외에도 골든벨 문제 주제와 관련 없는 난센스 문제 등을 예비로 준비해두는 것도 방법이 될 수 있습니다. 문제는 60자, 정답은 20자로 제한되어 있고, 영어의 경우엔 대소문자에 따라 정답이 나뉠 수 있어 참가자들에게 행사 전 미리 안내가 필요합니다. 또한 외래어의 경우 'ㅔ'나 'ㅐ' 표현에 따라 정답이 나뉠 수 있으므로 이 부분을 유의하여 문제를 구성해야 합니다.

골든벨 맵을 생성한 후 골든벨 맵에서 '퀴즈! 골든벨' 미니 게임을

퀴즈! 골든벨 진행 화면

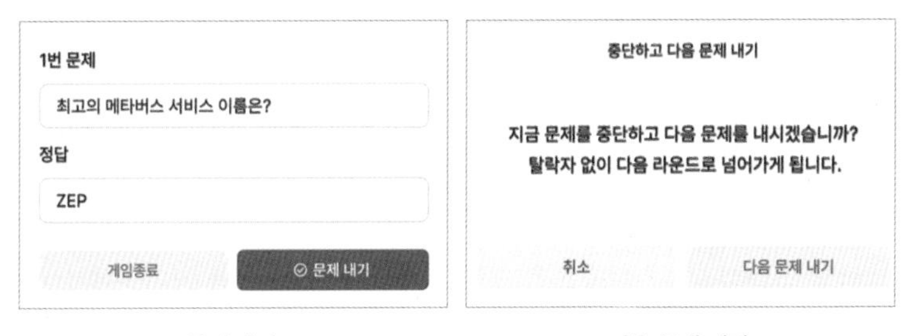

문제 내기 / 다음 문제 내기

실행합니다. 그러면 골든벨 게임에 대한 안내 팝업이 표시되는데, '골든벨 시작' 버튼을 누르면 바로 실행됩니다.

게임이 시작되면 문제를 출제할 수 있는 팝업이 화면에 표시되는데, 문제와 정답을 입력하고 '문제 내기' 버튼을 누르면, 퀴즈가 출제됩니다. 문제가 나가고 있는 중에는 다음 문제를 낼 수 없으며 '중단하기'

를 누르면 정/오답 체크를 하지 않고 다음 문제로 넘어갑니다. 게임을 종료하려면 '게임 종료' 버튼을 누르면 됩니다.

골든벨 게임은 일반 맵에서도 가능하지만 앞에서 설명했던 OX퀴즈와 같이 Location 설정이 필요합니다. 따라서 다소 복잡하고 제작 시간이 많이 소요될 수 있으므로 공개된 골든벨 맵 사용을 추천합니다.

이 외에도 에셋 스토어의 미니 게임 탭에 가보거나 미니 게임 스토어에서 미니 게임 다운로드를 클릭하면 미니 게임 에셋들이 보입니다. 여기에 있는 것들을 사용할 수도 있고 추후 꾸준히 업데이트도 될 것입니다. 그러므로 미니 게임이 업데이트될 때마다 미리 테스트해보고 상황에 맞게 사용하는 것도 좋은 방법이 될 것입니다.

젭을 이용한 손쉬운 교육 행사 운영 노하우

앞에서 간단한 미니 게임으로 레크리에이션을 준비했다면, 이제 본격적인 교육 행사를 준비해야겠지요? 먼저 진행하기 위한 공간, 즉 맵이 필요합니다. 우리는 직접 독창적인 맵을 제작하여 행사를 진행할 수 있습니다. 하지만 익숙하지 않다면 맵 제작에 오랜 시간이 소요됩니다. 외주 업체에 맵 제작을 맡기는 방법도 있는데 제작 비용이 만만치 않습니다. 젭에서 맵을 제작하는 데 익숙하지 않은 초보자라면 시간과 금액이 많이 소요되는 방법을 고민하는 것보다, 젭에서 기본으로 제공하는 템플릿을 바로 활용하는 것이 좋습니다.

젭 기본 템플릿

기본 템플릿들을 살펴보면 교실, 운동장, 공연, 콘서트, 해변, 공원 등 학교 행사로 사용할 만한 템플릿들이 많습니다. 학부모 공개수업과 같이 교실을 보여줘야 하는 상황이라면 교실 템플릿을 이용하고 체육대회 관련 공간을 구성한다면 운동장을 이용할 수도 있을 것입니다. 체험학습을 가지 못해 그 공간을 구성한다면 해변이나 공원을, 학예회를 한다면 콘서트 템플릿을 이용할 수도 있습니다.

기본 템플릿에는 '스폰', '통과 불가' 등의 타일 효과가 템플릿의 테마에 맞게 사전 설정되어 있습니다. 예를 들어 본문 66쪽 그림의 경우

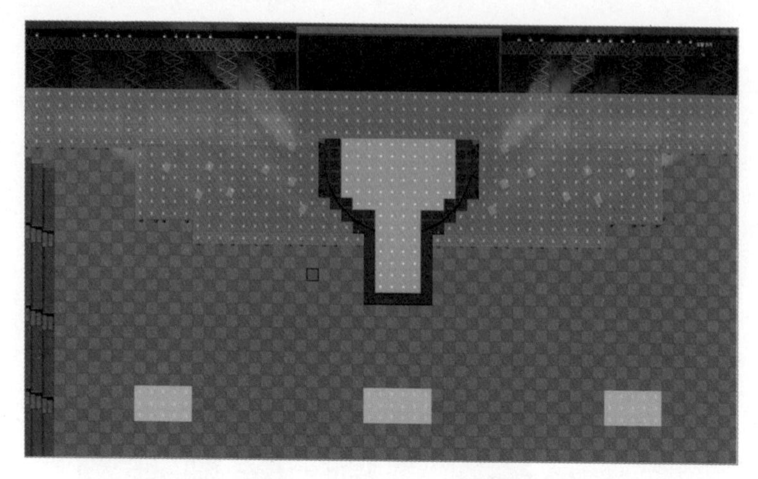

타일 효과가 설정되어 있는 템플릿

에는 무대 주변과 무대 뒤편에 사용자가 올라가지 못하도록 통과 불가 타일이 설치되어 있고, 무대 중앙에는 무대에 올라간 사용자가 관객 모두에게 영상과 음성을 공유할 수 있는 스포트라이트 타일이 설치되어 있습니다. 그리고 밑 부분에는 처음 맵에 접속하면 스폰이 되는 위치가 미리 세팅되어 있는 것을 볼 수 있습니다.

이처럼 젭에서 제공하는 기본 템플릿들에는 미리 세팅된 효과들이 많기 때문에, 그대로 사용하거나 일부 수정해 사용함으로써 행사 준비에 들이는 시간을 단축할 수 있습니다.

맵 선택, 오브젝트 삽입을 통해 공간이 어느 정도 구성되었다면, 가장 중요한 단계가 남아 있습니다. 바로 맵의 세부 기능을 설정하는 것입니다. 특히 학생들과 함께하는 행사를 기획할 때는 비밀번호를 설정하는 것이 좋습니다. 비밀번호를 설정하지 않는 경우, 생각지도 못

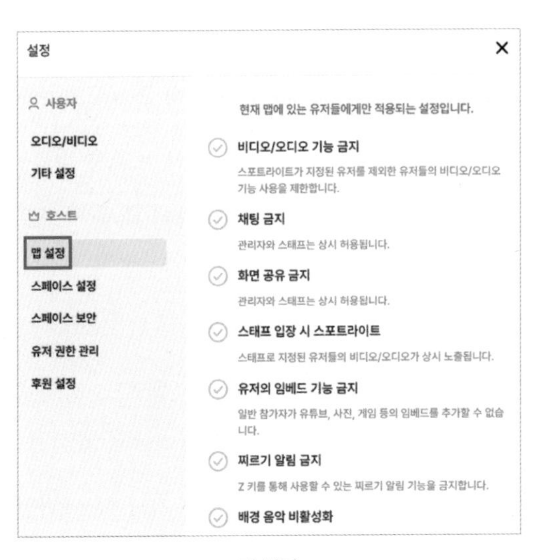

맵 설정

한 외부인이 행사 중 갑자기 접속하는 당혹스러운 일이 발생할 수도 있기 때문입니다.

비밀번호 설정 외에도 [설정] - [맵 설정]에서 비디오/오디오 기능, 채팅, 화면 공유, 미니 게임, 찌르기 알림 등을 금지할 수 있습니다. 행사의 상황에 따라 불필요한 기능을 체크하여, 참가자들이 사용하지 못하도록 미리 비활성화해놓으면 원활한 행사 진행에 도움이 됩니다.

한편 온라인에서 이루어지는 학교 행사를 준비할 때, 비상 상황에 대한 대비를 미리 해두면 좋습니다. 오프라인에서 학교 행사를 진행할 때도 종종 우리가 예상치 못한 일들이 벌어질 때가 많습니다. 이는 온라인에서도 마찬가지입니다. 온라인이기 때문에 더 당혹스러운 경우도 있지요. 행사 도중 컴퓨터가 멈추거나 인터넷 접속이 심하게 지연

되거나, 오브젝트에 행사 관련 링크를 걸어두었는데 해당 사이트 접속이 안 되는 경우 등 여러 가지 상황이 발생할 수 있습니다. 이러한 상황을 미리 예상하여, 사전에 추가적으로 행사 보조용 컴퓨터를 준비한다거나, 링크 접속이 안 되는 경우를 대비하여 대체 사이트 URL을 가지고 있는 등 대비책을 마련해두어야 합니다.

마지막으로 어떤 교육 행사든지 후기를 남길 수 있는 플랫폼을 미리 연동시켜놓는 것을 추천합니다. 패들렛, 잼보드, 띵커보드 등 후기를 남기기에 좋은 플랫폼이 많습니다. 오브젝트에 후기를 남길 수 있는 링크를 설정해놓고, 맵 하단의 [미디어 추가] - [스크린샷]을 활용하여, 행사를 진행하는 동안 학생들이 인증샷과 후기 등을 남길 수 있도록 사전 안내하면, 의미 있는 기록이 될 것입니다.

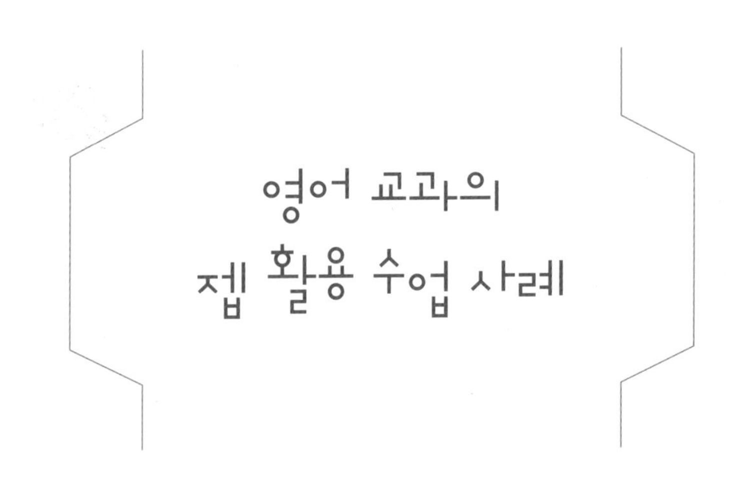

영어 교과의 젭 활용 수업 사례

이번 장에서는 젭을 활용하여 영어 교과 수업을 진행하는 모습을 순서대로 소개하고자 합니다. 지금부터 소개하는 젭 스페이스[•]는 젭에서 제공하는 기본 템플릿을 활용하여 제작한 것이며, QR코드 또는 주소(https://zep.us/play/yop7KX)로 접속하여 체험 가능합니다. 수업의 진행 방식은 다음과 같습니다.

젭 탐색하기

가장 먼저 학생들이 젭을 탐색하는 시간이 필요합니다. 이때 탐색이란

• 맵: 젭 서비스에서 제공하는 메타버스 공간의 최소 단위로 각기 다른 주소(url)를 가짐.
스페이스: 맵보다 큰 단위로, 하나의 스페이스는 한 개 또는 복수의 맵으로 구성 가능.

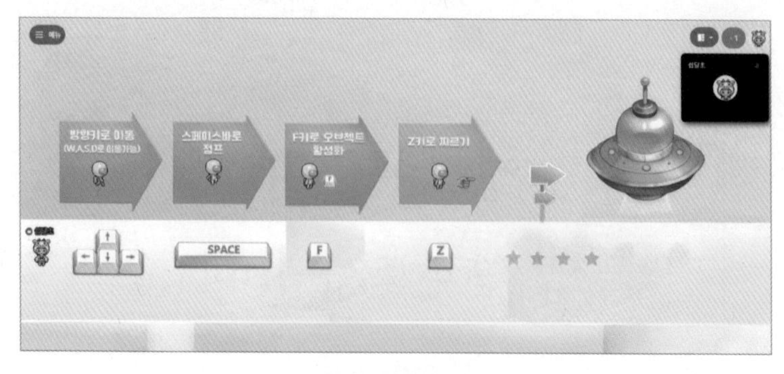

젭 기능 탐색하기 맵

아바타 이동 방법, 오브젝트 상호작용 방법, 단축키 등의 기본 조작 기능을 익히는 단계를 말합니다.

젭을 수업에서 처음 접하는 학생들을 위해 이 기본 맵을 탐색하고 나서 본격적인 수업을 위한 맵으로 이동하게끔 설정하였습니다.

수업 안내하기(도입 단계)

이곳에서는 학습에 대한 안내가 진행됩니다. 젭에서는 줌(ZOOM)처럼 화상을 사용한 수업을 하거나, 교사의 개입 없이 학습자들이 자율적으로 진행하는 학습이 가능합니다. 여기서는 젭에서 제공하는 기본 템플릿 '교실 맵'을 편집하여, 영어 수업을 하는 방법을 구상해보았습니다.

맵을 전체적으로 살펴보면 영어 알파벳과 책상, 의자 등이 구성되어 있습니다. 바로 이곳에서 영어 알파벳을 탐색하는 활동을 하려고 합니다.

맵의 오른쪽 하단 ①번 위치는 맵이 시작되는 곳으로, 아바타가 생성되는 스폰(spawn) 위치입니다. 맵을 만들 때 스폰 위치를 설정할 수 있습니다.

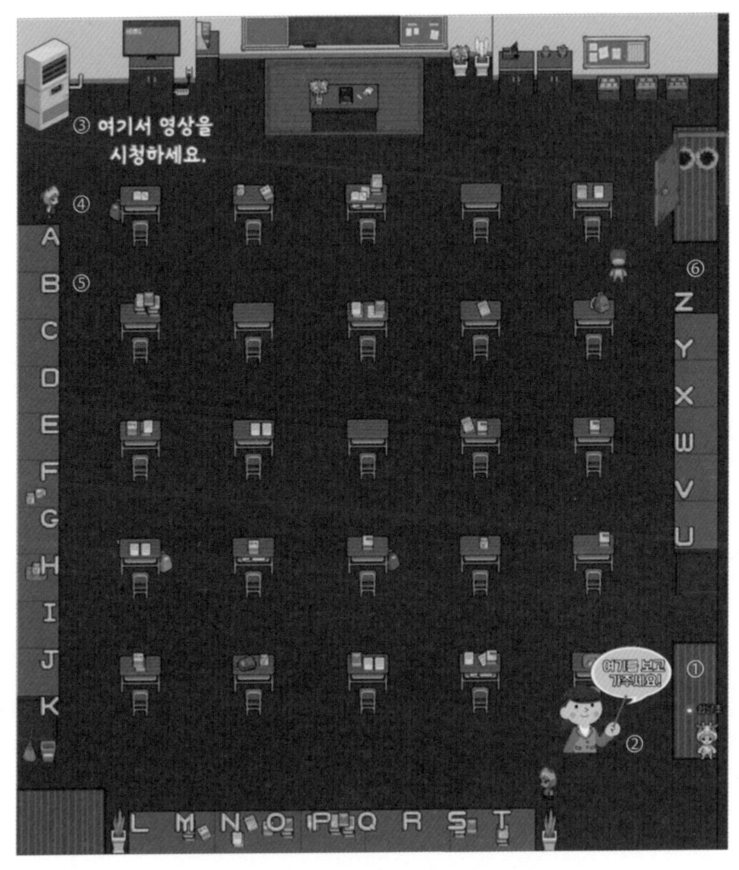

영어 수업 교실 맵 전체 모습 - 번호를 잘 봐주세요!

스폰 위치 바로 앞에 둔 ②번 아이콘은 학생들이 맵 안에서 어떤 활동을 하게 될지를 안내하는 역할을 합니다. 아이콘의 경우 원하는 이미지를 업로드할 수 있으며, 파워포인트나 미리캔버스를 통해 쉽게 만들어 업로드할 수 있습니다. 오브젝트 이미지를 만드는 방법은 다음 장에서 소개하도록 하겠습니다.

안내 아이콘에 가까이 가면 'F키를 눌러 실행'이라는 메시지가 뜹니다. F키를 누르면 아래 오른쪽 그림과 같은 화면을 볼 수 있으며, 수업의 도입을 나타내는 학습안내가 이루어집니다.

아바타가 시작되는 곳, 학급안내 코너

학습안내

오브젝트, 텍스트 등을 사용한 안내 문구는 학습 분기점마다 배치하여 학생들의 탐색 활동을 돕고, 교사의 부담을 덜어줄 수 있는 장점이 있습니다. 예를 들어 ③의 '여기서 영상을 시청하세요'로 학생이 가까이 다가가면 색상이 변화하면서 오브젝트와 상호작용이 가능합니다. 교사가 일일이 영상을 어디서 시청해야 하는지를 알려주지 않고도, 학생이 스스로 찾아갈 수 있게끔 장치를 마련해놓은 것입니다.

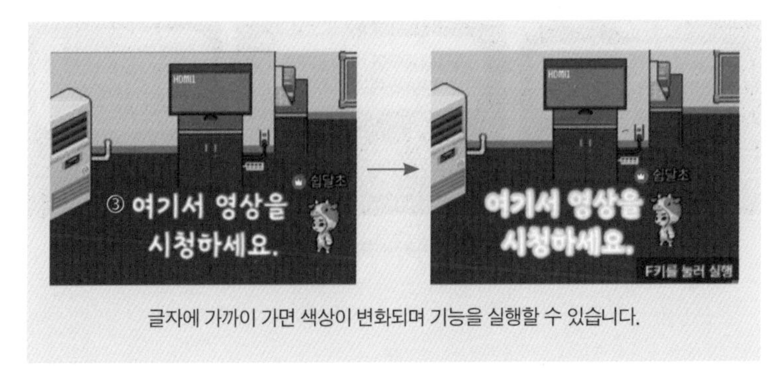

텍스트를 이용한 안내 문구

영상의 경우 링크를 삽입하여, 유튜브 영상을 업로드할 수 있습니다.

유튜브 영상을 전체 화면으로 열었을 때 재생 화면

④ 교실 맵의 중간중간 NPC(Non-Player Character: 플레이어에게 퀘스트 등 다양한 콘텐츠를 제공하는 도우미 캐릭터)를 배치하면, 학습자의 흥미를 불러일으키면서, 학습 안내 도우미로 사용할 수 있습니다.

NPC를 통한 학습안내 및 흥미를 유발하는 장면

⑤ 오브젝트에는 다양한 효과를 줄 수 있으며, 다음과 같은 카드뉴스 형식의 자료를 업로드하는 것도 가능합니다. 미리캔버스, 캔바 등에서 제작한 이미지 파일을 업로드하면 어렵지 않게 이미지를 제작할 수 있습니다.

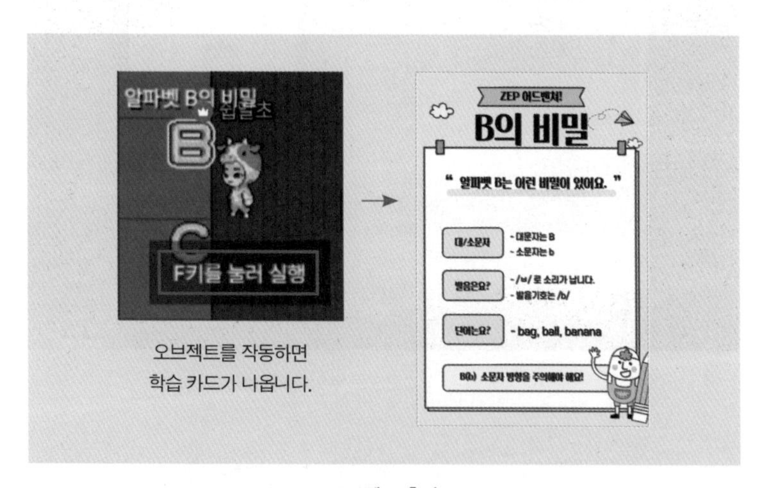

오브젝트 효과

⑥ 하나의 맵에서만 활동을 할 수도 있지만, 포털 기능을 사용하여 다른 맵으로 이동할 수도 있습니다. 포털 기능에서 비밀번호를 입력할 수 있게 설정할 수 있기 때문에, 학생들이 [교실 맵]을 충분히 탐색한 다음 비밀번호에 대한 힌트를 모아 다음 맵으로 이동하게 하는 것도 하나의 방법입니다.

비밀번호 입력 장면

비밀번호 입력 후 포털로 이동

다양한 활동 수업 전개하기

이곳은 다양한 수업 활동을 전개할 수 있는 맵입니다. 젭에서 기본적으로 제공하는 맵을 사용하고, 일부 변형하였습니다. 영어과 수업을 구상하였기 때문에 영어 도서관, 영어 카페, OX퀴즈, 영어 하우스 등의 건물을 배치하였습니다.

넓고 아름다운 공간에서 프로젝트가 시작됩니다. 두근두근!

각 건물은 다음 맵으로 이동할 수 있게 하는 포털 역할을 합니다. 여기서는 영어 도서관 맵으로 이동하여 수업을 전개해보도록 하겠습니다. 영어 도서관 외의 나머지 구역이 궁금하신 분은 본문 상단에 있는 QR코드를 통해 접속하여 체험이 가능합니다.

영어 도서관 앞에는 게시판 오브젝트가 있습니다. 아바타와 오브젝트는 'F버튼을 눌러' 상호작용할 수 있습니다. 게시판 오브젝트에는 다음과 같은 안내 문구를 삽입해놓았습니다.

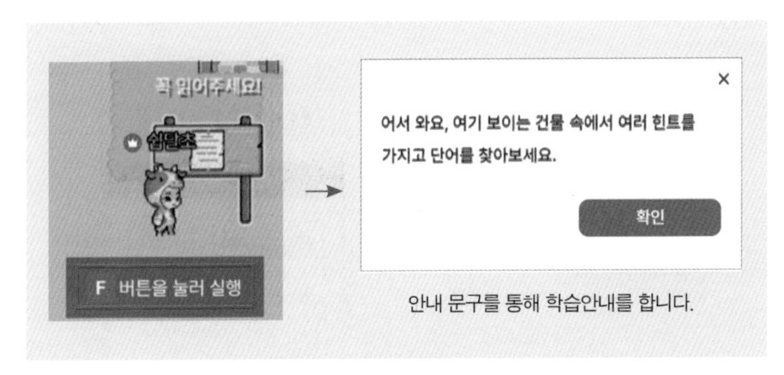

게시판 오브젝트

포털을 통해 영어 도서관으로 접속하면 배경 음악과 함께 다음과 같은 도서관 공간을 마주하게 됩니다. 아바타가 생성되는 위치에는 안내를 도와주는 NPC가 있습니다. NPC에는 영어 수업과 관련된 프로젝트 활동의 안내 이미지를 삽입해놓았습니다. 학생들은 이곳에서 10개의 영어 단어를 찾아야 합니다.

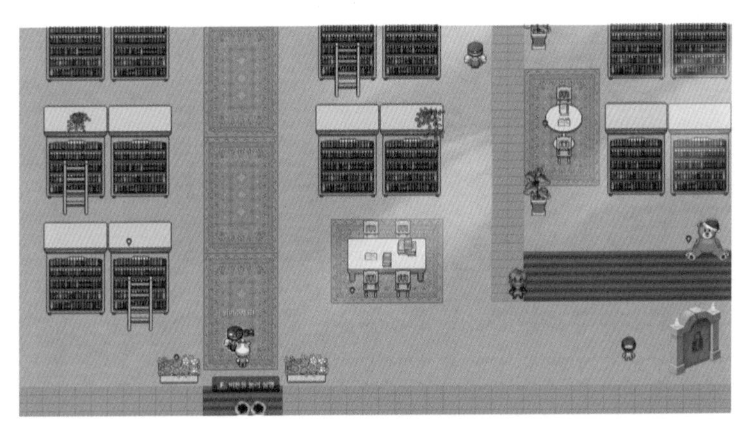

본격적인 영어 프로젝트 학습 시작!

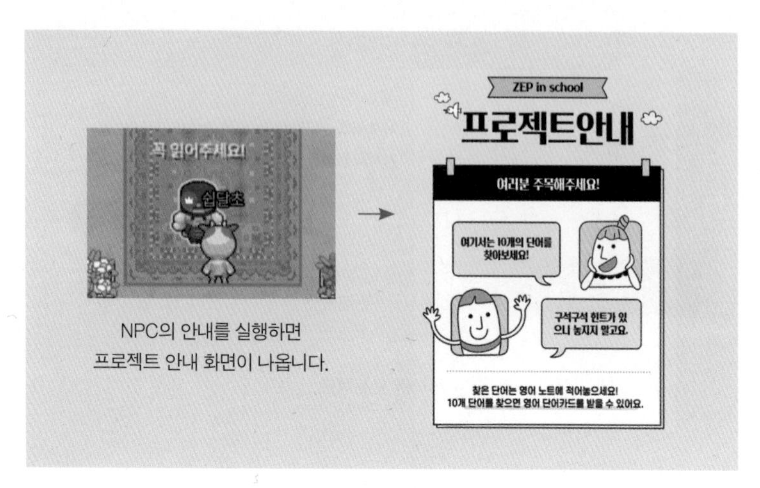

NPC의 안내를 실행하면
프로젝트 안내 화면이 나옵니다.

NPC 안내 실행

맵 안에는 여러 가지 힌트가 숨겨져 있고, 학생들은 힌트를 찾아서 최종적으로 10개의 단어카드를 찾을 수 있습니다. 예를 들어 화단에는 'angry'라는 단어장 카드를 숨겨놓았습니다.

학생들은 영어 도서관에서 마치 게임을 하듯 단어 찾기 활동에 몰

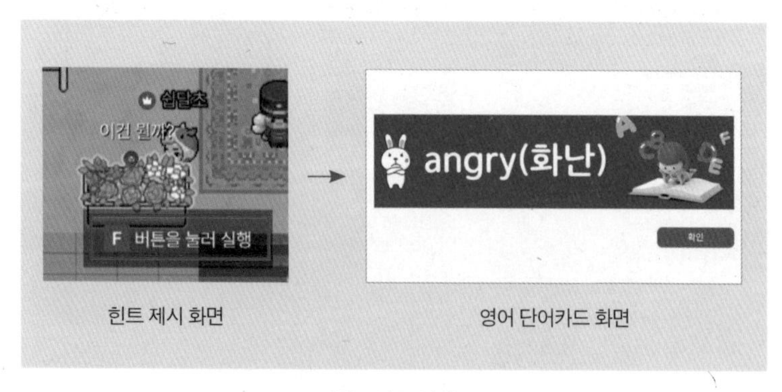

힌트 제시 화면

영어 단어카드 화면

힌트 카드 실행

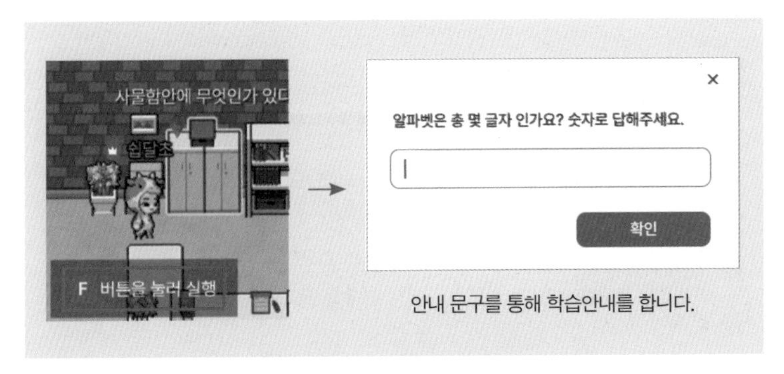

비밀번호가 설정된 오브젝트 실행

입할 수 있습니다. 교사는 학생들에게 찾은 힌트 카드를 캡처하거나, 영어 노트에 찾은 단어를 적어놓으라고 미리 안내합니다. 단어를 찾는 동안 학생들은 비밀번호가 설정된 오브젝트에서 교사가 낸 문제를 마주치기도 합니다.

10개의 영어 단어를 모두 찾은 학생들은 맵 아래쪽에 비밀번호가 설정된 문으로 이동합니다. 과연 비밀의 문 뒤에는 무엇이 있을까요?

비밀의 문에는 비밀번호를 입력해야 다음 장소로 이동할 수 있도록 설정해놓았습니다. 모은 영어 단어를 조합하여 문장을 만들어야 해당

비밀의 문으로 이동하는 장면

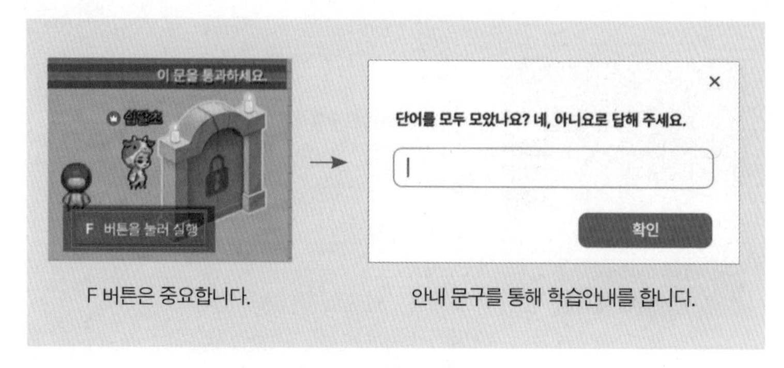

비밀의 문 통과하기

공간을 나갈 수 있게 설정할 수도 있고, 난이도, 연령에 따라서 네, 아니요로 대답할 수 있는 아주 쉬운 질문을 설정해놓을 수도 있습니다.

비밀의 문을 통과하면 보상과 피드백을 할 수 있는 공간을 설정합니다. 저는 이곳에서 학습에 필요한 파일을 업로드하여, 다운로드할 수 있게끔 공간을 구성하였습니다.

영어 단어카드를 다운받을 수 있는 공간

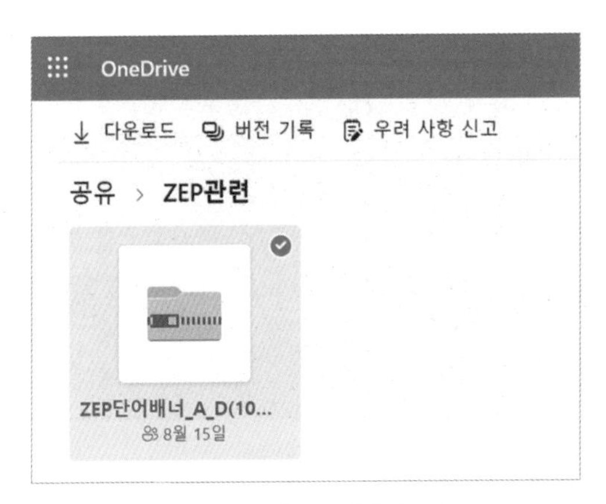

학습 자료 다운로드 연결 페이지

학생들이 파일을 다운로드하게 하려면 클라우드에서 파일 공유기능을 활용해 링크를 사용해야 합니다. 구글 드라이브, 네이버 드라이브, 원드라이브 등 다양한 드라이브 주소를 사용할 수 있는데, 저는 원드라이브를 활용하였습니다.

모둠활동 및 수업 정리하기

모든 맵의 과제를 해결했다면 이제 마지막 정리하기 단계로 이동하도록 하겠습니다. 정리하기 단계는 이전 단계에서 해결했던 과제를 디지털 결과물로 산출해내는 과정입니다. 그리고 그 결과물을 공유하기도 합니다. 활동 수업 단계의 마지막 맵을 거치면 정리단계의 맵으로 이동하게 됩니다.

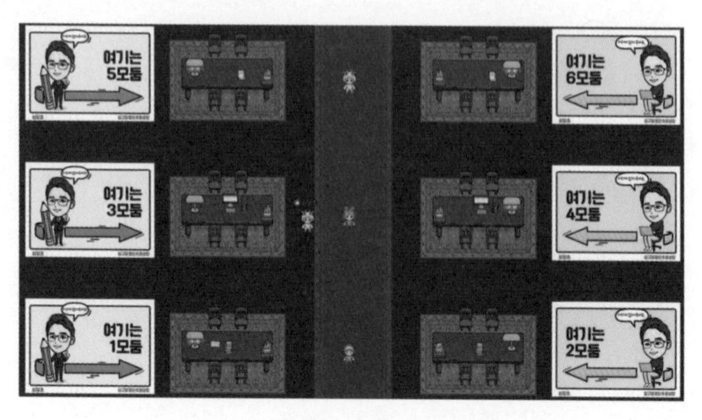

정리단계 맵

정리단계 맵에서는 모둠활동과 수업을 마무리하는 활동이 이루어집니다. 각 모둠 앞에는 NPC를 배치하여, 모둠활동에 대한 학습을 안내하도록 설정하였습니다.

NPC를 통한 모둠활동 학습안내

1, 2 모둠에서는 단어 카드를 모으는 활동을 심화하여, 수집한 단어들을 분류하는 활동을 하게 됩니다. 모둠활동이 진행되는 각 테이블은 해당 구역에 모여 있는 모둠원들끼리만 소통할 수 있도록 타일 기능이 설정된 것입니다.

1, 2 모둠은 패들렛을 활용하여 모둠원들끼리 영어 단어를 분류하고, 3, 4 모둠은 구글 프레젠테이션을 활용하여 새로운 영어 카드를 만드는 활동을 진행하였습니다.

패들렛 활용 모습

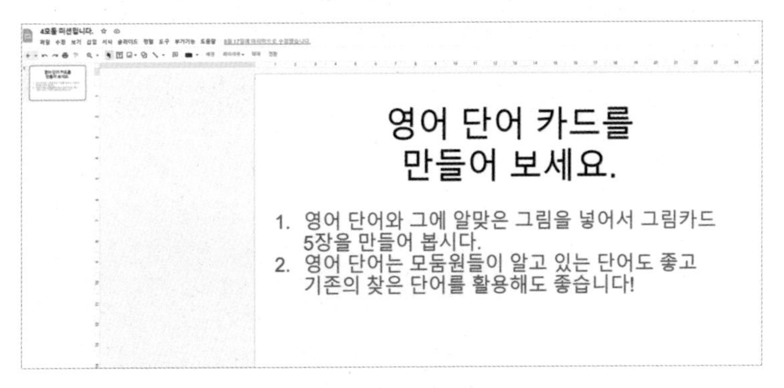

구글프레젠테이션 활용 모습

문제 제출 장면

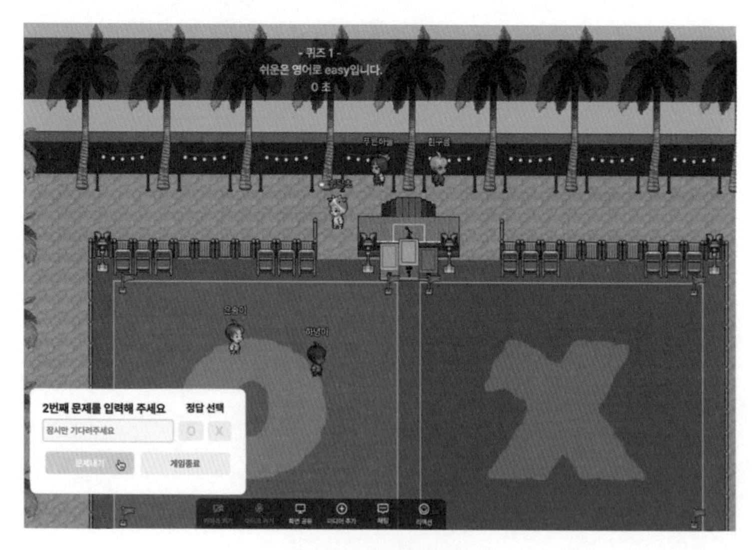

정답자와 오답자의 위치

5, 6 모둠은 영어 단어로 OX퀴즈를 만드는 활동을 진행했습니다. 5, 6 모둠원들이 제출한 OX퀴즈를 바탕으로 OX퀴즈 맵에서 도전, 골든벨과 같은 게임을 진행할 수 있습니다.

출제자가 문제를 제출하면 OX퀴즈 맵에 있는 학생들은 문제에 알맞은 답을 골라 O 또는 X라고 쓰인 공간으로 이동합니다. 퀴즈를 푸는 일정 시간이 지나면 틀린 정답을 고른 학생들의 아바타는 자동으로 OX 존 밖으로 순간 이동하게 됩니다. 이 OX퀴즈 맵은 젭에서 수업 활동을 진행할 때 유용하게 활용됩니다.

이번 장에서는 영어 교과 수업을 젭으로 활용하는 과정에 대해 이야기를 나누었지만, 다른 교과 역시 비슷한 방식으로 수업을 구상할 수 있습니다. 평소 교실에서 하던 수업에 변화를 주고, 학생들의 재미와 흥미를 끌어냄으로써 수업의 몰입도를 높이고 싶다면 학습 내용을 연계한 젭의 활용을 시도해보길 추천합니다.

제3부

실전!
교육을 위한 공간 제작의 모든 것

젭에서 맵 에디터를 사용하여 교육 목적의 공간을 만드는 방법은 여러 가지가 있습니다. 젭에서 제공하는 기본 템플릿을 사용하는 방법도 있고, 에셋 스토어의 맵을 변형하는 방법도 있습니다. 또 직접 그림을 그려 맵을 제작하거나, 아이코그램 같은 사이트를 활용하여 2.5D로 공간을 제작할 수도 있습니다. 어떤 방법을 사용해도 좋습니다. 3부에서는 젭을 활용해 교육 공간을 직접 제작해보겠습니다. 난이도에 따라 순서대로 작성하였으니, 차근차근 따라오시면 됩니다.

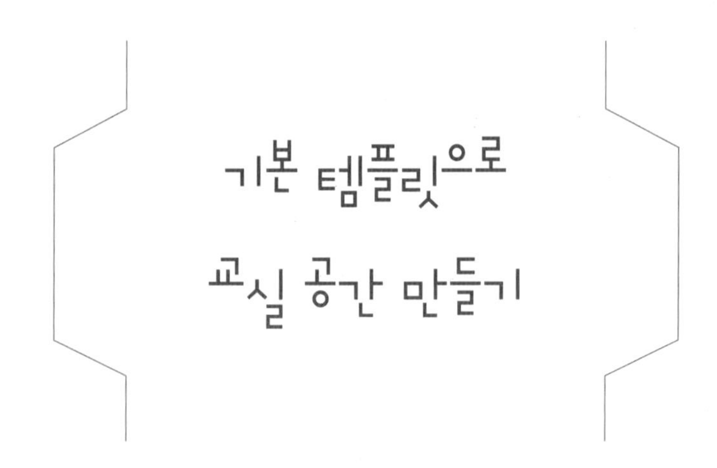

젭에서 교육 공간을 제작하는 가장 쉬운 방법은 기본 템플릿을 사용하는 것입니다.

젭에 접속하기

크롬(Chrome) 브라우저를 사용하여 젭(https://zep.us/)에 접속해주세요. 처음 젭에 접속하면 구글, 웨일스페이스, 또는 이메일로 로그인을 해야 합니다. 로그인을 하면 '나의 스페이스'를 만들 수 있습니다.

가장 중요한 '스페이스 만들기' 버튼은 눈에 잘 띄게 진한 색깔로 표시되어 있습니다. 스페이스 만들기 버튼 아래에 있는 맵들이 궁금하시죠? 여기 나오는 맵들은 사용자가 방문한 맵들입니다. 아마 처음 접

젭에 접속하면 뜨는 로그인 화면

젭의 첫걸음은 여기서부터

속했다면 스페이스 만들기 버튼만 보일 겁니다. 그리고 OWNER 표시가 있는 맵은 사용자가 만든 맵입니다. '내 스페이스'를 선택하면 자신이 만든 스페이스만 볼 수 있습니다.

스페이스 만들기 – 기본 교실 템플릿

[+스페이스 만들기]를 선택하면 다양한 기본 템플릿을 볼 수 있습니다.

이 중에서 교실 템플릿을 선택하여 공간을 만들어보겠습니다. 교실 템플릿을 클릭하면 '스페이스 설정' 화면이 뜹니다. 여기서 스페이스의 이름과 비밀번호를 설정할 수 있습니다.

[+스페이스 만들기] - [템플릿 고르기]

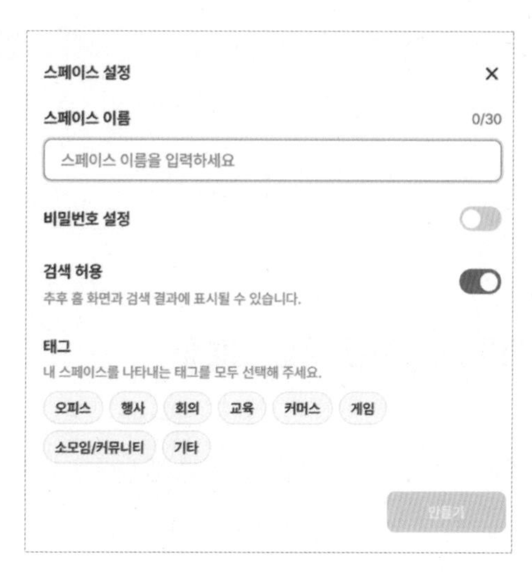

스페이스 설정 화면

기본 템플릿의 '교실' 전체 화면

검색 허용 여부, 태그까지 선택한 다음 만들기를 누르면 로딩 후 바로 교실이 생성됩니다(본문 92쪽 하단 그림).

① 방에 대한 설정을 할 수 있는 메뉴입니다.

② 이 방에서 모든 활동이 일어납니다.

③ 채팅을 통해 같은 공간에 있는 사람들과 의사소통을 할 수 있습니다.

④ 방에 각종 기능을 넣을 수 있는 메뉴입니다.

먼저, 왼쪽에 있는 메뉴바부터 좀 더 자세히 살펴보겠습니다. 복잡해 보이지만 단순합니다.

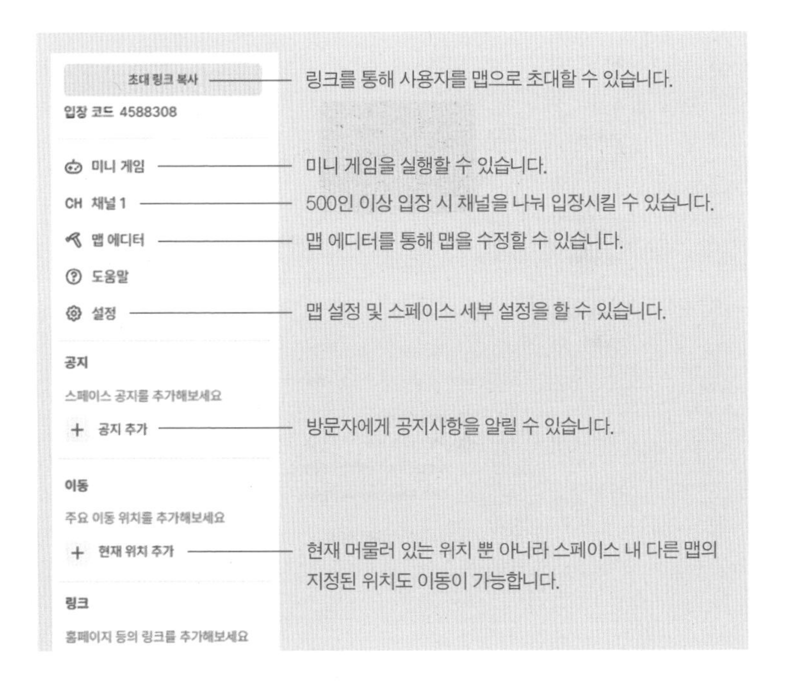

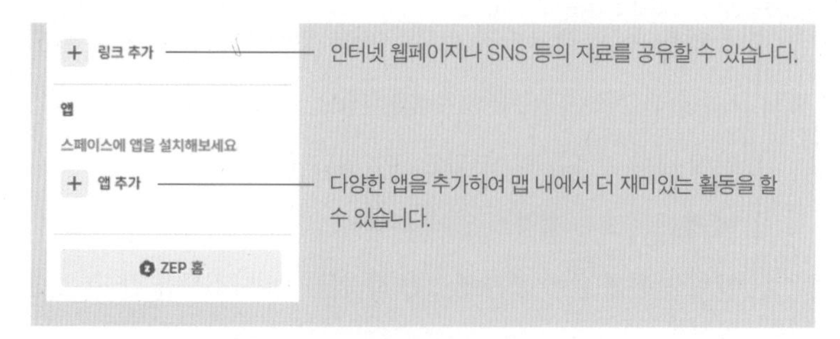

기본 템플릿 교실 메뉴바

메뉴바에서 '설정'을 클릭하면 여러 기능을 세부적으로 설정할 수 있습니다. '설정'은 메뉴바의 톱니바퀴 모양의 아이콘을 클릭하거나, 스페이스 오른쪽 하단의 호스트 메뉴에서 동일하게 설정이 가능합니다.

사용자 설정 화면

'설정'은 크게 '사용자'와 '호스트' 설정으로 나뉩니다. 사용자 설정 화면에서는 카메라 및 마이크 설정, 비디오 품질과 좌우 반전, 마이크 노이즈 제거, 배경 흐리게 하기 등을 설정할 수 있습니다.

[설정] - [호스트] - [스페이스 보안]은 비밀번호를 입력하는 기능이고, [설정] - [호스트] - [유저 권한 관리]는 유저별 권한을 부여하는 기능입니다. 유저는 소유자, 관리자, 스태프, 에디터, 멤버로 나뉘며 각각의 권한에는 차이가 있습니다.

권한	비공개 접속	맵 수정 권한& 호스트 버튼	채팅 커맨드 &강퇴	채널링시 전 채널 노출	스페이스 설정	스페이스 복사	스페이스 삭제
소유자	O	O	O	O	O	O	O
관리자	O	O	O	O	O	O	X
스태프	O	O	O	O	O	X	X
에디터	O	O	X	X	X	X	X
멤버	O	X	X	X	X	X	X

유저별 권한 안내표

'설정'의 하위 항목 중 '스페이스 설정'은 스페이스 안의 모든 맵에 대한 설정을 변경할 수 있는 기능입니다. 본문 96쪽의 그림을 보면서 세부 항목을 살펴보면 다음과 같습니다.

① 이름과 스페이스 설명을 넣거나 수정할 수 있습니다.

② 키워드 차단을 통해 스페이스 내에서 적절하지 못한 단어를 제한할 수 있습니다.

③ 썸네일은 초기 화면에서 보이는 맵 썸네일을 말합니다.

④ 공개 여부는 공개, 비공개(화이트리스팅 필요), 비공개(비밀번호 필

1 스페이스 설정

① 이름 1
스페이스 소개 스페이스에 대해 소개해주세요.

② 차단 키워드 차단 키워드를 comma(,) 로 연결해서 입력해주세요.

③ 썸네일 파일 선택 선택된 파일 없음

④ 공개 여부 공개

⑤ 비밀번호 스페이스 비밀번호

⑥ 첫 방문 맵 1

⑦ 도메인 제한하기 gmail.com
비로그인 플레이어 접속 제한

⑧ 화이트리스트 0 guests
업로드 추가하기 참여자 리스트 내려받기

⑨ 인원수 제한 0

⑩ 방문 기록 다운로드 시작 2023-01-11 오전 12:00 종료 2023-01-12 오전 12:00 방문 기록 다운로드

저장 스페이스로 이동하기

플레이어 초대하기
이메일 주소
초대하기

멤버

#	이름	Email	역할	상태	가입 일시
1	쉼달초	bestcho74@gmail.com	관리자		2023-01-11 00:30:47

스페이스 삭제하기 ⑪

스페이스 세부 설정 화면

요)로 설정할 수 있습니다.

⑤ 비밀번호를 통해 보안을 강화할 수 있습니다.

⑥ 첫 방문 맵을 어디로 할지 정합니다. 스페이스 안에 여러 맵이 있을 때 활용합니다.

⑦ 도메인 제한하기는 해당 도메인으로 가입한 이용자만 입장 가능하게 할 때 사용합니다.

⑧ 화이트리스트는 ④에서 공개 여부를 비공개(화이트리스팅 필요)로 설정했을 때 사용합니다.

⑨ 맵에 들어올 수 있는 인원수를 제한할 수 있습니다.

⑩ 방문 기록 다운로드는 로그인된 계정의 최근 해당 스페이스 접속 기록을 다운로드할 수 있습니다.

⑪ 스페이스를 삭제할 수 있습니다.

이제 세부 설정까지 확인하여 기본 교실 템플릿의 스페이스를 만들었습니다.

나만의 오브젝트와 NPC 만들기

교실 템플릿의 스페이스가 생성되면, 망치 모양 아이콘의 '맵 에디터'를 선택하여 본격적으로 나만의 공간을 만들 수 있습니다. 맵 에디터에서 오브젝트 삽입, 타일 효과, 맵 크기 조정 등 세세한 설정이 가능합니다.

미리캔버스를 활용해 오브젝트 만들기

젭의 맵 안에서 사용되는 다양한 아이콘을 '오브젝트'라고 부르는데, 세 가지 종류가 있습니다. 첫째, 맵 에디터에서 제공하는 기본 오브젝트, 둘째, 에셋 스토어에서 다운받아 사용하는 오브젝트, 셋째, 내가 제작해 업로드하는 '나의 오브젝트'입니다. 기본 오브젝트를 사용하거나 에셋 스토어의 오브젝트를 사용하는 방법은 쉽기 때문에, 여기서는 미리캔버스를 활용해 오브젝트를 만들고 업로드하는 방법을 공유하겠습니다. 먼저 미리캔버스(https://www.miricanvas.com/)에 접속한 후 '바로 시작하기'를 클릭합니다.

미리캔버스 화면

그리고 템플릿의 사이즈를 조정합니다. 템플릿의 사이즈는 젭의 타일 크기를 기준으로 설정해야 합니다. [맵 에디터]를 살펴보면 이미지와 같이 여러 개의 타일이 존재합니다. 이때 타일 한 개의 사이즈는 너비 32px, 높이 32px입니다.

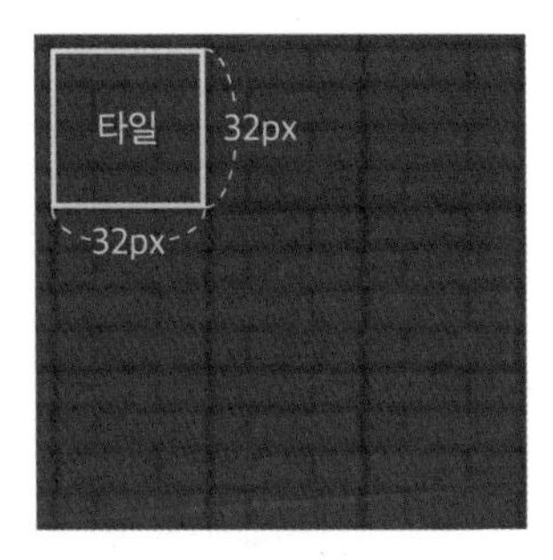

젭의 타일 크기

이 타일 사이즈를 기준으로 내가 만들고자 하는 오브젝트의 크기를 설정할 수 있습니다. 만약 내가 타일 4칸 정도 크기의 오브젝트를 만들고 싶다면, 32×4, 즉 128px로 사이즈를 조정하면 됩니다. 미리캔버스에서는 '디자인 만들기'에서 다음과 같이 사이즈를 조정할 수 있습니다.

오브젝트 사이즈 정하기

미리캔버스 [요소] - [검색]

사이즈를 원하는 크기로 조정했다면, 오브젝트를 만들어야 합니다. 먼저 왼쪽 메뉴바에서 '요소'를 선택 후 검색창에 '선생님'을 입력합니다. 검색되는 여러 이미지 중 마음에 드는 이미지를 선택하여 캔버스에 삽입합니다. 왕관 표시가 있는 것은 미리캔버스 유료회원 전용 이미지입니다. 무료 이미지만으로도 다양한 오브젝트를 제작할 수 있습니다.

이제 불러온 이미지에 말풍선을 삽입하려고 합니다. '요소' 항목에서 '말풍선'을 검색하여 클릭한 후, 크기와 위치를 조정하고, '텍스트'에서 원하는 글자를 입력합니다.

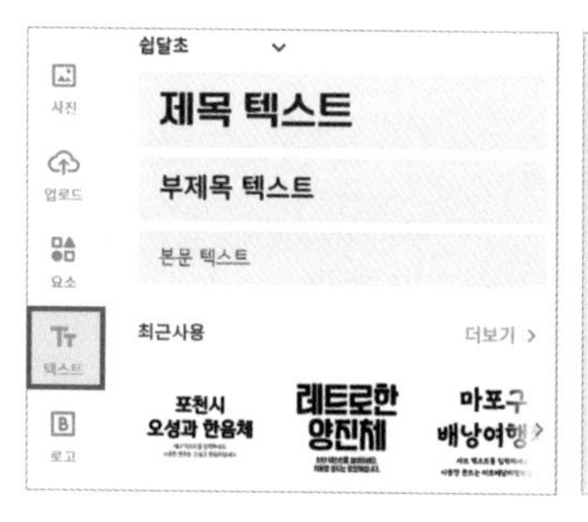

텍스트 선택 화면

완성된 오브젝트

다운로드 옵션 설정 화면

말풍선을 넣어 오브젝트를 완성했다면, 이제 오브젝트를 다운로드 하면 됩니다. 미리캔버스 화면 오른쪽 상단에 다운로드 버튼이 있습니다. '다운로드'를 클릭하면 웹, 인쇄, 동영상 등 다양한 형식을 선택할 수 있습니다. 우리는 이미지 파일을 오브젝트로 만들 것이기 때문에 [웹용] - [PNG]를 선택합니다. JPG와 PNG는 둘 다 이미지 형식인데, PNG가 더 고화질이면서 투명 배경이 가능하기 때문에 [PNG] - [고해상도 다운로드]를 클릭합니다.

이제 젭의 맵 에디터로 돌아와 다운로드한 이미지를 업로드해야 합니다. 맵 에디터의 오른쪽 오브젝트 바에서 '나의 오브젝트' 옆에 있는 '추가' 버튼을 누르면 자신이 만든 오브젝트를 업로드할 수 있습니다.

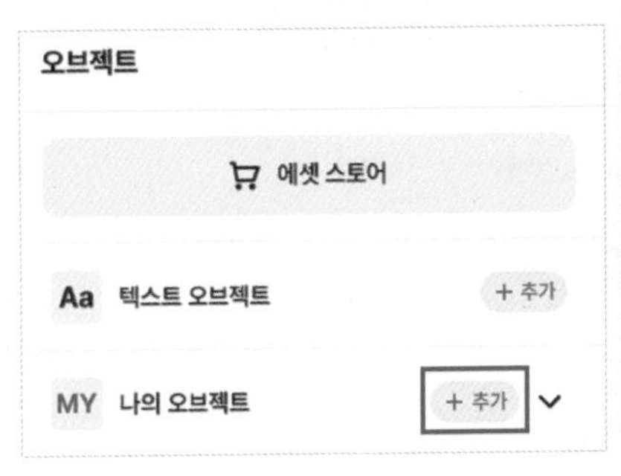

나의 오브젝트 추가 화면

맵에 삽입된 오브젝트

나만의 NPC 만들기

NPC는 Non-Player Character의 줄임말로 플레이어에게 다양한 콘텐츠와 정보를 제공하는 도우미 캐릭터입니다. 게임에서 많이 활용되며 젭 안에서도 유용합니다. NPC 역시 앞에서 오브젝트를 만든 것과 같이 미리캔버스를 활용해 만들 수도 있고, 직접 그림을 그려 업로드할 수도 있습니다.

이번에는 젭의 아바타를 이용해서 NPC를 만들어보도록 하겠습니다. 젭 스페이스의 화면 오른쪽 상단에서 자신의 아바타를 클릭하면 '아바타 꾸미기'를 시작할 수 있습니다.

아바타 꾸미기 화면

아바타 꾸미기 버튼을 클릭하면, 아바타의 헤어, 의류, 피부, 얼굴 등을 조합하여 원하는 모양으로 아바타를 만들 수 있습니다.

원하는 모양의 아바타를 만들었다면, '프로필 설정' 상단의 바뀐 아바타를 캡처해서 NPC로 사용할 수 있습니다. 이때 아바타는 굳이 저장할 필요가 없습니다. '저장' 버튼을 누르면 기존의 아바타가 바뀌기 때문입니다.

Window OS에서는 단축키 [Window]+[SHIFT]+[S]로 지정 영역을 캡처할 수 있고 MAC OS에서는 [SHIFT]+[COMMAND]+[3]으로 캡처할 수 있으니, 단축키를 사용하여 캡처해보길 추천합니다.

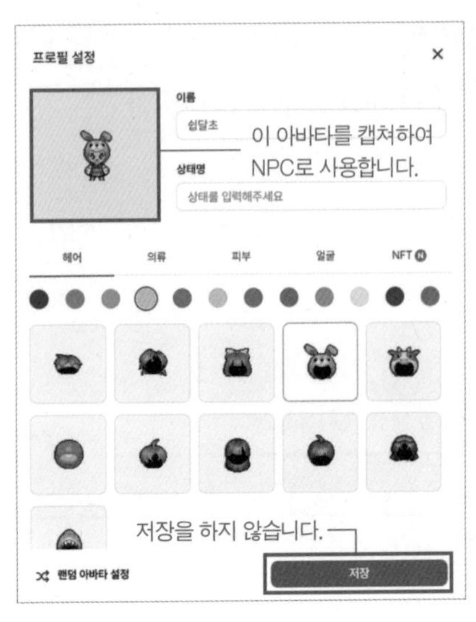

[내 프로필] - [아바타 꾸미기] - [프로필 설정] 화면

'프로필 설정' 상단의 아바타 모습을 캡처할 때, 아바타의 크기가 작으면 이미지가 흐릿하게 보일 수 있습니다. 크롬에서 글꼴 크기 확대를 해서 캡처하면 더 좋은 화질의 아바타를 얻을 수 있습니다. 다음 그림을 참고해주세요.

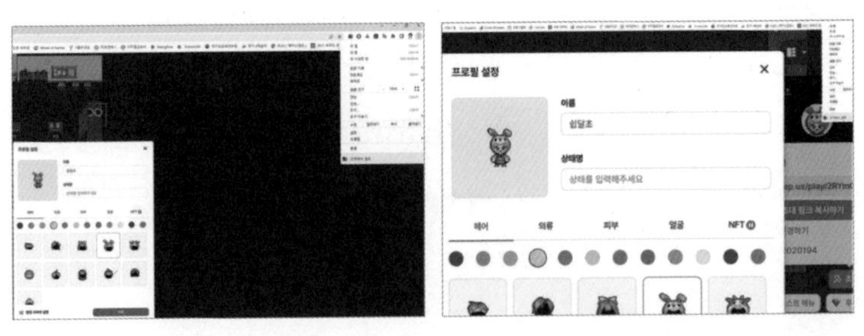

글꼴 크기 100%일 때　　글꼴 크기 300%일 때

글꼴 크기를 크게 하여 캡처한 다음에는, 이미지의 배경을 제거해야 합니다. 이미지 배경 제거도 미리캔버스를 활용해보겠습니다. 먼저 캡처 이미지를 저장한 후 미리캔버스에 [업로드] - [내 파일 업로드]를 눌러 캡처 파일을 업로드합니다.

업로드 화면

업로드된 파일을 캔버스로 가져오면 회색 배경이 보입니다.

회색 배경이 보이는 이미지

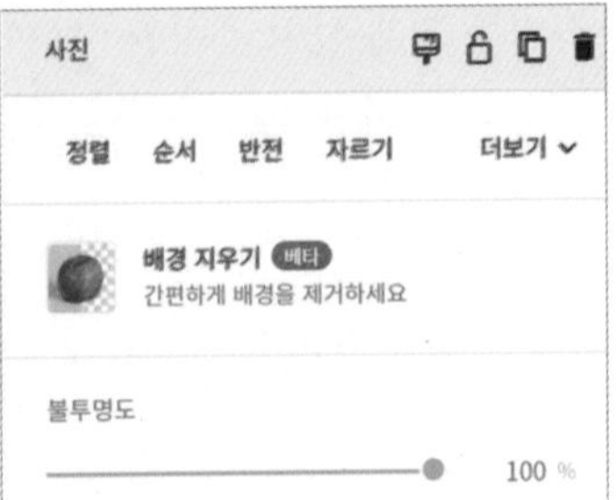

회색 배경이 보이는 이미지 배경 지우기

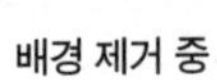
배경 제거 중

배경이 제거된 이미지

이 상태에서 그림을 선택하면 좌측 메뉴에서 '배경 지우기'를 선택할 수 있습니다. 배경 지우기 버튼을 클릭하고 10~30초 기다리면 배경이 깔끔하게 지워집니다.

이 이미지를 PNG(투명한 배경 옵션 선택)로 저장하고, 맵 에디터로 돌아와 [오브젝트] - [나의 오브젝트] - [+추가]로 업로드해서 오브젝트로 만들어, NPC로 활용합니다.

NPC는 주로 플레이어들에게 정보를 제공해주는 역할을 하기 때문

말풍선을 활용한 NPC

에 스페이스에 삽입한 다음, 톱니바퀴 모양의 '오브젝트 설정'에서 [표시 기능] - [말풍선 표시]를 선택하고, 대사를 입력해서 사용합니다.

오브젝트의 다양한 효과 설정하기

앞에서 추가한 NPC와 같은 오브젝트에는 다양한 효과를 줄 수 있습니다. 다양한 효과, 기능을 설정함으로써 교실 공간을 자신의 교육 의도에 알맞게 구체적으로 구현할 수 있습니다.

다양한 팝업 기능

오브젝트에 효과를 설정하기 위해서는 맵 에디터를 실행해야 합니다. 팝업 기능은 크게 '텍스트 팝업', '이미지 팝업', '비밀번호 입력 팝업'의 세 가지로 나눌 수 있습니다.

먼저 이미지 팝업 기능을 살펴보겠습니다.

- **이미지 팝업**: 삽입한 이미지를 팝업으로 보여줍니다.

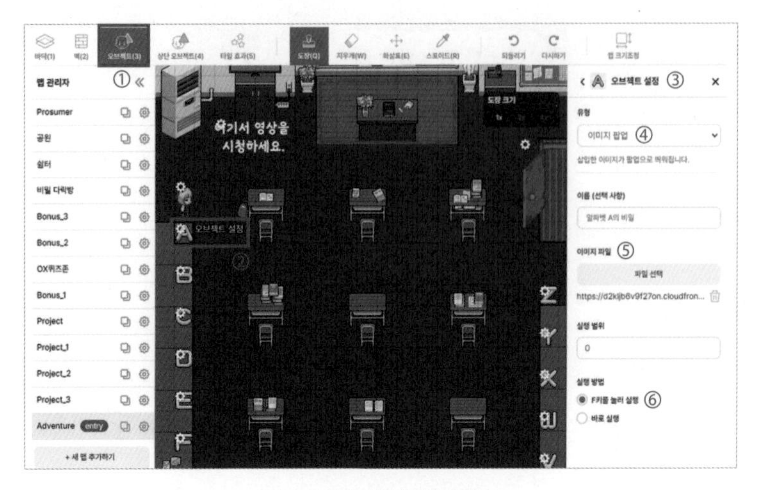

이미지 팝업 설정 한 번에 보기

팝업 설정 방법은 맵 에디터 실행 후 다음과 같은 순서로 이루어집니다.

① 상단 메뉴바에 있는 '오브젝트' 메뉴를 선택: 상단 메뉴바에 있는 '오브젝트'와 '상단 오브젝트'의 차이는 젭에서 우리가 사용하는 아바타(캐릭터)와 오브젝트 간의 위치 차이와 같습니다. 예를 들어 칠판 모양의 오브젝트가 '오브젝트'에서 업로드되었다면, 내 아바타는 다음 그림과 같이 칠판의 '앞'을 지나갑니다.

오브젝트 위에 있는 캐릭터 모습

만약 칠판 모양의 동일한 오브젝트를 '상단 오브젝트'에서 업로드하면, 내 아바타는 다음 그림과 같이 칠판의 '뒤'를 지나갑니다.

상단 오브젝트 아래에 있는 캐릭터 모습

이처럼 '오브젝트'와 '상단 오브젝트'는 아바타와의 관계에서 '위치'만 다르고 나머지 속성은 같습니다.

② 오브젝트 설정 클릭: 톱니바퀴 모양이 있다는 것은 오브젝트 설정을 할 수 있다는 것입니다.

③ 오브젝트 설정: 오브젝트의 오브젝트 설정 버튼을 누르면 화면 오른쪽에 오브젝트 설정이 보이게 됩니다.

④ 유형 설정: 다음 그림과 같은 세 가지 유형 중 '이미지 팝업'을 선택합니다.

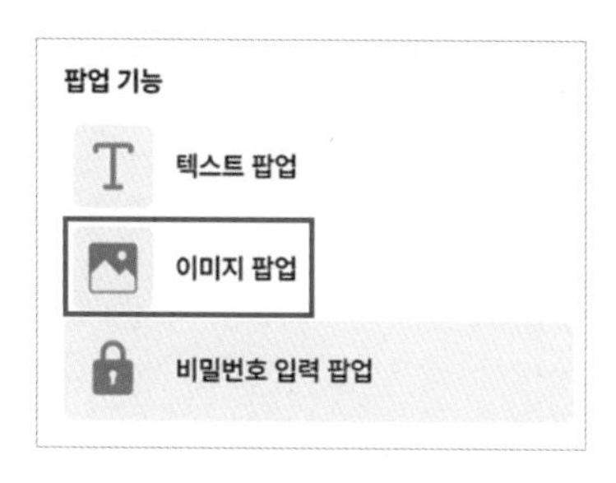

이미지 팝업 선택 장면

⑤ 이미지를 선택하여 업로드합니다.

⑥ 실행 방법: F키를 눌러서 실행할 수도 있고, 오브젝트에 가까이 가면 바로 실행되도록 선택할 수도 있습니다.

• **텍스트 팝업**: 입력한 텍스트를 팝업으로 보여줍니다.

텍스트 팝업 설정 한 번에 보기

텍스트 팝업 설정 방법은 맵 에디터 실행 후 다음과 같은 순서로 이루어집니다.

① 상단 메뉴바에 있는 '오브젝트' 메뉴 선택 후 '오브젝트 설정' 클릭.

② 유형 설정: 팝업 기능의 세 가지 유형 중 '텍스트 팝업'을 선택합니다. 그러면 세부 사항을 설정할 수 있는 메뉴가 나타납니다.

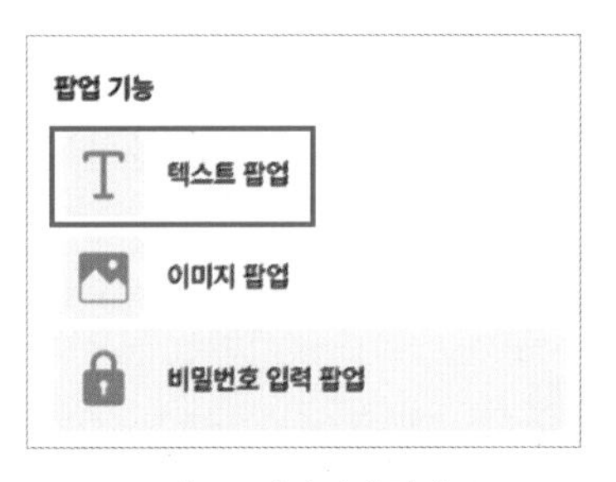

텍스트 팝업 선택 장면

이름이 보이는 화면

텍스트가 보이는 화면

③ 이름(선택 사항): 이름을 입력해주세요. 선택 사항이지만 텍스트 팝업 경우에는 입력하는 것이 좋습니다. 입력하면 오브젝트에 접근할 때 이름이 뜨게 됩니다. 이 이름이 안내 역할을 할 수 있습니다.

④ 텍스트 입력: 이곳에 텍스트를 입력하면 화면에 텍스트가 크게 보입니다. 주로 사용자를 위한 지시 사항이나 안내 문구를 자세히 적어줍니다.

⑤ 실행 범위: 오브젝트 설정이 작동되는 범위를 입력합니다. 숫자가 커지면 오브젝트와 떨어진 거리가 멀어도 작동합니다.

⑥ 실행 방법: F키를 눌러서 실행되게 할 수도 있고, 오브젝트에 가까이 가면 바로 실행되도록 선택할 수도 있습니다.

• **비밀번호 입력 팝업**: 비밀번호를 입력하여 동작을 실행할 수 있습니다. 오브젝트에 비밀번호 기능을 입력하는 순간 '통과 불가' 효과를 가지게 됩니다.

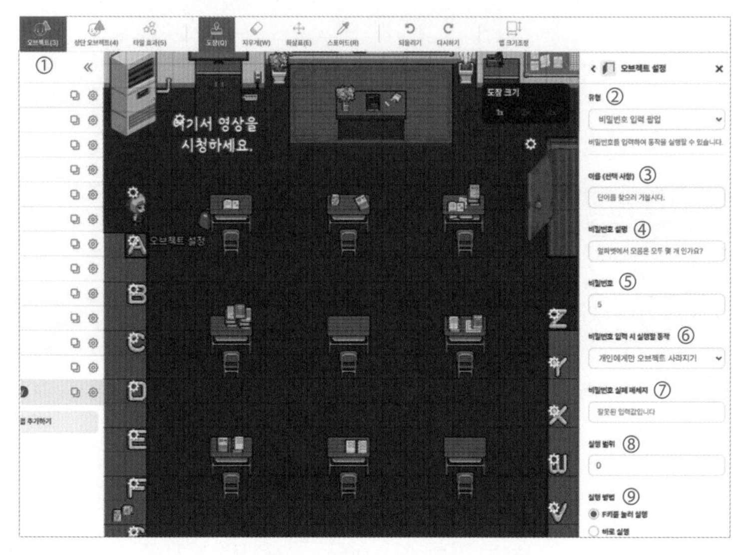

비밀번호 입력 팝업 설정 한 번에 보기

'비밀번호 입력 팝업' 설정을 통해 방탈출 게임을 만들 수 있습니다. 비밀번호 입력 팝업 설정 방법은 맵 에디터 실행 후 다음과 같은 순서로 이루어집니다.

① 상단 메뉴바에 있는 '오브젝트' 메뉴 선택 후 '오브젝트 설정' 클릭.

② 유형 설정: 팝업 기능의 세 가지 유형 중 '비밀번호 입력 팝업'을 선택. 그러면 세부 사항을 설정할 수 있는 메뉴가 나타납니다.

③ 이름(선택 사항): 이름을 입력해주세요. 입력하면 오브젝트가 접

비밀번호 입력 팝업 선택 장면

근할 때 이름이 뜨게 됩니다. 이 이름이 안내 역할을 하므로 입력하는 것이 좋습니다.

④ 비밀번호 설명: 이곳에 문제를 입력하면 됩니다.

⑤ 비밀번호: 이곳에 정답을 입력하면 됩니다.

⑥ 비밀번호 입력 시 실행할 동작: 이 부분에서 잘 선택해야 합니다. 총 5가지 동작이 있습니다. 방탈출이나 퀴즈 용도로 사용할 거라면 이 중에서 '개인에게만 오브젝트 사라지기'를 선택해야 합니다.

이 동작은 문제나 퀴즈를 해결하면 그 사람에게만 오브젝트가 사라져서 다음 공간으로 이동할 수 있게 해줍니다. 만일 '오브젝트 사라지

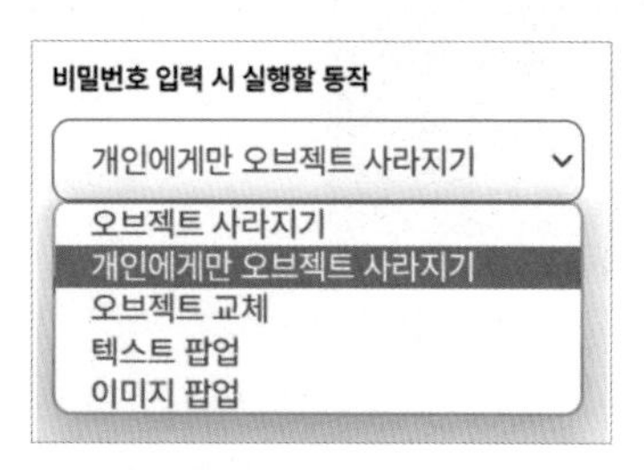

비밀번호 입력 시 실행할 수 있는 동작

기'를 선택하면, 같은 공간 안에 있는 누군가가 문제를 해결하면 모두에게 동일하게 오브젝트가 사라지기 때문에, 각 개인이 문제를 해결하게 하고 싶다면 '개인에게만 오브젝트 사라지기'를 선택해야 합니다.

유튜브 영상 실행 기능

유튜브 영상은 교육적 활용도가 높습니다. 이러한 영상을 아주 쉽게 이미지 또는 텍스트 오브젝트에 연결할 수 있습니다. [오브젝트 설정] - [웹사이트 기능] - [팝업으로 웹사이트 열기]를 선택합니다.

'웹 사이트 기능'에는 '새 탭으로 웹사이트 열기'와 '팝업으로 웹사이트 열기'가 있습니다. '새 탭으로 웹사이트 열기'를 선택할 수도 있지

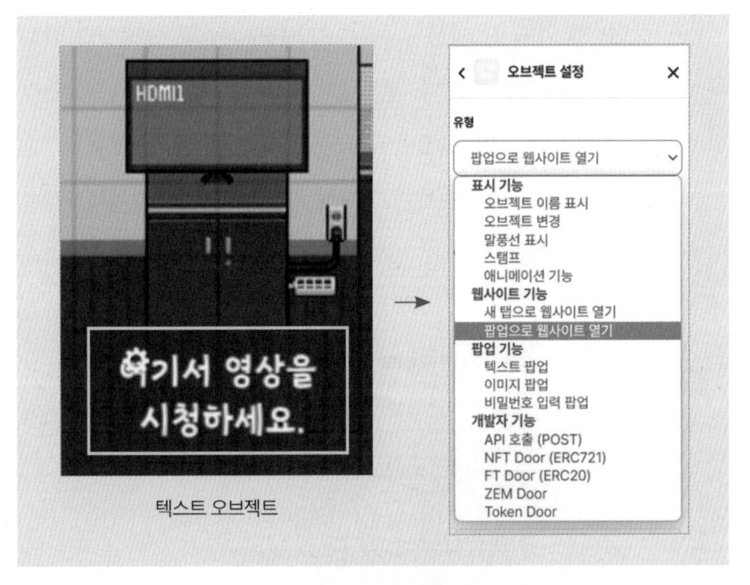

오브젝트 유형 설정하기

만, 휴대폰에서 접속하는 사용자의 경우 약간의 불편함이 있을 수도 있습니다. 개인 취향에 따라 원하시는 유형을 선택하면 됩니다.

'오브젝트 설정'의 유형을 선택하고 난 다음에는, 웹 사이트 링크를 복사, 붙여넣기를 하면 됩니다. 참고로 요즘 대부분 사이트가 보안 강화 목적으로 주소를 https로 사용합니다. 젭에서는 영상의 주소가 http인 경우와 사이트 자체에서 영상을 외부로 링크 거는 것을 막아놓은 경우에는 영상 링크를 걸 수 없습니다.

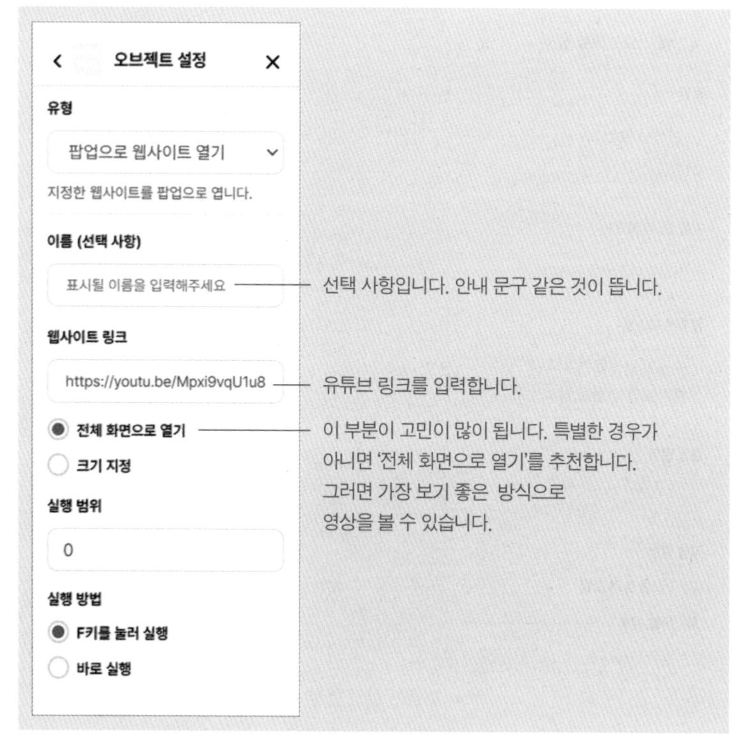

오브젝트 설정 방법

그 외 재미있는 기능

• 말풍선 표시

'오브젝트 설정'의 '유형'에서 '말풍선 표시'는 맵에 배치하는 NPC에 적용하면 다양한 효과를 볼 수 있는 기능입니다. 말풍선 텍스트에 원하는 대사를 입력해보세요. 이 기능을 잘 활용하면 NPC가 참여자들을 안내해주는 좋은 길잡이 역할을 해줄 것입니다.

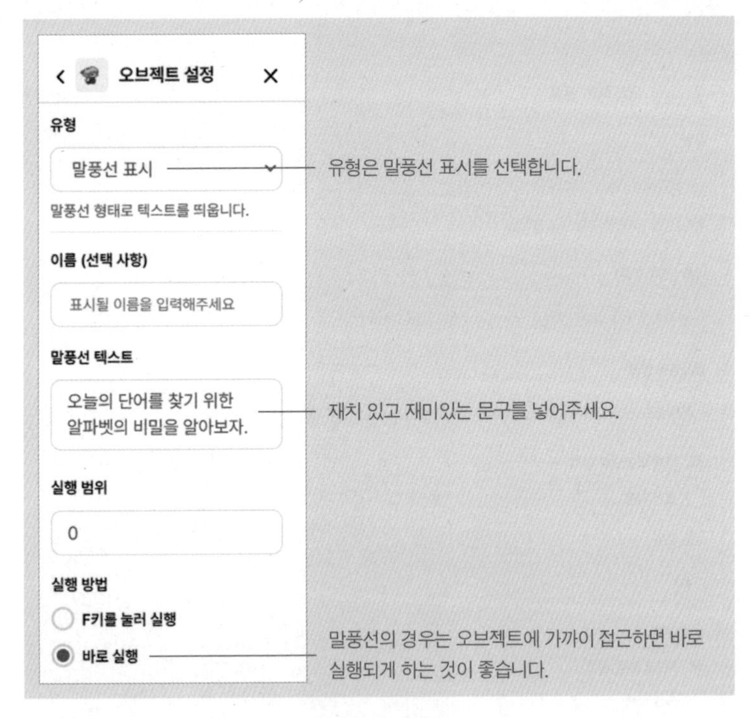

말풍선 설정 방법

말풍선 효과 예시

• 무궁한 활용법, 스탬프

학생들이 교실에서 학습 활동을 완료하면 도장을 받게 되는 경우가 있습니다. 젭에서도 어떤 활동을 완료하게 되면 스탬프를 줄 수 있습니다. 이 기능을 활용하면 학생들이 스탬프를 모으거나 스탬프 체커를 통해 보상을 얻는 등 다양한 활용이 가능합니다.

스탬프 기능을 사용하기 위해서는 맵 에디터가 아닌, 스페이스에서 먼저 '스탬프 앱'을 설치해야 합니다. 젭 스페이스 왼쪽 메뉴바 하단

스탬프 앱 설치하기

에 위치한 'ZEP 앱관리'를 클릭하면 여러 가지 앱을 살펴볼 수 있습니다. 이 중 '스탬프 앱' 설치를 클릭하면, 이후 맵 에디터에서 오브젝트의 스탬프를 설정할 수 있습니다.

스탬프는 두 가지 종류, 즉 '스탬프'와 '스탬프 체커'로 설정하여 맵 곳곳에 배치할 수 있습니다. 먼저 '스탬프'는 오브젝트를 스탬프로 지정하여 사용합니다. 스탬프 앱에서는 맵 에디터에서 지정한 오브젝트 이미지와 이름을 사용합니다. 스탬프의 번호를 입력하여 순서를 지정할 수도 있습니다.

다음으로 '스탬프 체커'입니다. 조건을 달성한 (스탬프를 모은) 사용자는 스탬프 체커와 상호작용을 할 수 있습니다. 이때 상호작용은 '텍스트 팝업'이나 '개인에게만 오브젝트 사라지기'가 있습니다. 스탬프

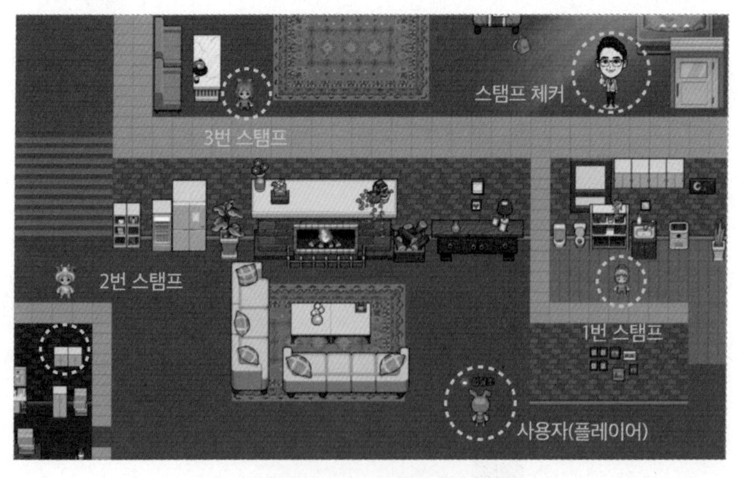

스탬프와 스탬프 체커가 있는 맵

체커에서 스탬프 획득 조건을 설정할 수 있습니다.

본문 118쪽 그림을 볼까요? 이 맵에는 3개의 스탬프와 1개의 스탬프 체커가 있습니다. 스탬프 앱을 설치했다면 맵 에디터에서 스탬프를 추가할 오브젝트를 선택한 다음, [오브젝트 설정] - [표시기능] - [스탬프]를 설정할 수 있습니다.

① 유형은 스탬프로 선택합니다.

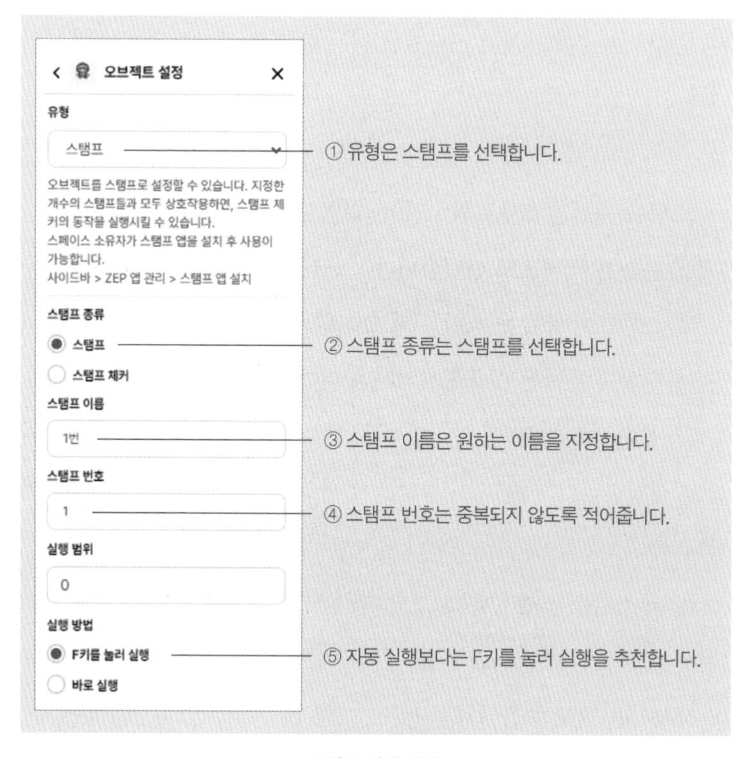

스탬프 설정 화면

② 스탬프의 종류에서 스탬프를 선택합니다. 이때 스탬프 체커는 사용자가 모은 스탬프를 체크하는 것을 말합니다.

③ 스탬프 이름은 사용자가 원하는 이름을 입력하는 것입니다. 사례에서는 단순 번호로 입력했습니다.

④ 스탬프 번호는 여러 개의 스탬프를 설정했을 때를 대비하여 다른 스탬프 번호와 중복되지 않게 입력해야 합니다.

⑤ 실행 방법에서는 'F키를 눌러 실행'을 추천합니다. 자동 실행되는 것보다 의도를 가지고 스탬프를 찍는 행위에 재미를 주기 위해서입니다.

스탬프 체커는 스탬프와 비슷하지만 살짝 다른 부분이 있습니다.

① 유형은 스탬프로 선택합니다. 스탬프 체커도 스탬프입니다.

② 스탬프의 종류는 스탬프 체크로 합니다.

③ 이름은 원하는 이름으로 지정합니다.

④ 실행할 동작은 '텍스트 팝업' 또는 '개인에게만 오브젝트 사라지기'로 설정합니다. 사례에서는 텍스트 팝업을 통해 메시지를 전달하려 합니다.

⑤ 텍스트는 스탬프를 다 모았을 때 사용자가 볼 수 있는 메시지입니다. 스탬프의 보상과도 같습니다. 수업에 맞게 재미있는 요소를 넣어 작성하는 것도 좋습니다.

⑥ 필요한 스탬프 수는 ④의 실행할 동작을 수행하기 위해 필요한 스탬프 수를 말합니다. 맵 안에 있는 모든 스탬프의 개수를 입력하거

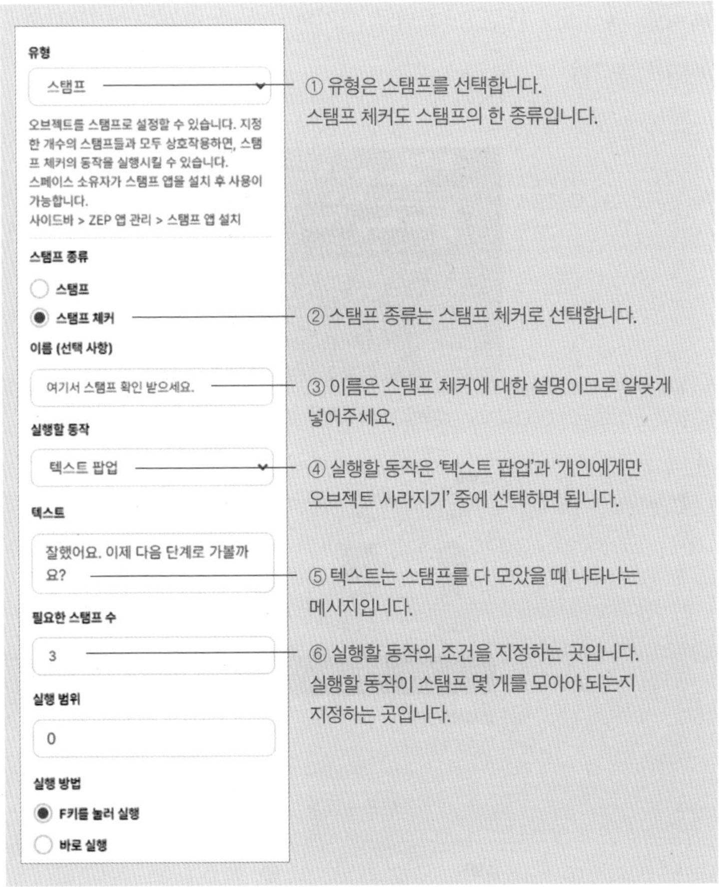

유형

스탬프

오브젝트를 스탬프로 설정할 수 있습니다. 지정한 개수의 스탬프들과 모두 상호작용하면, 스탬프 체커의 동작을 실행시킬 수 있습니다.
스페이스 소유자가 스탬프 앱을 설치 후 사용이 가능합니다.
사이드바 > ZEP 앱 관리 > 스탬프 앱 설치

스탬프 종류

스탬프

스탬프 체커

이름 (선택 사항)

여기서 스탬프 확인 받으세요.

실행할 동작

텍스트 팝업

텍스트

잘했어요. 이제 다음 단계로 가볼까요?

필요한 스탬프 수

3

실행 범위

0

실행 방법

F키를 눌러 실행

바로 실행

① 유형은 스탬프를 선택합니다.
스탬프 체커도 스탬프의 한 종류입니다.

② 스탬프 종류는 스탬프 체커로 선택합니다.

③ 이름은 스탬프 체커에 대한 설명이므로 알맞게 넣어주세요.

④ 실행할 동작은 '텍스트 팝업'과 '개인에게만 오브젝트 사라지기' 중에 선택하면 됩니다.

⑤ 텍스트는 스탬프를 다 모았을 때 나타나는 메시지입니다.

⑥ 실행할 동작의 조건을 지정하는 곳입니다.
실행할 동작이 스탬프 몇 개를 모아야 되는지 지정하는 곳입니다.

스탬프 체커 화면

나, 더 적은 숫자를 넣어도 됩니다.

스페이스 공간에 참여한 사람이 실제 스탬프를 모으는 과정을 살펴보면 다음과 같습니다. 1번 스탬프에 도착 후, 상호작용 단축키 F를 누르면, 스탬프를 모을 수 있는 창이 뜹니다. '스탬프 찍기'를 누르면 '완료'라는 메시지가 뜨면서, 스탬프 찍기의 숫자가 (0/3)에서 (1/3)으로 바뀌게 됩니다.

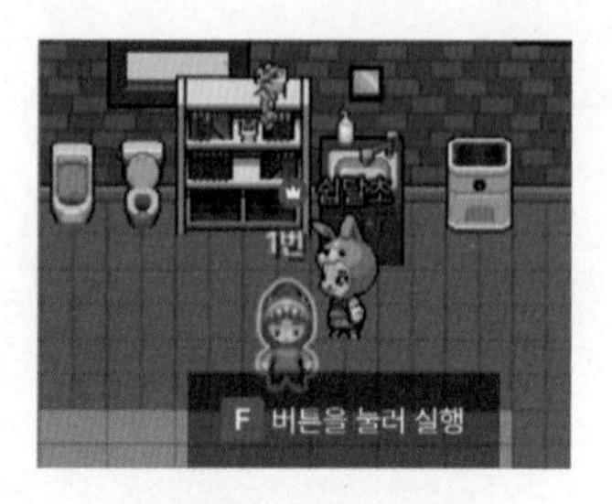

스탬프와 상호작용 장면

스탬프 수집창

스탬프를 수집한 후의 모습

스탬프 수집창의 우측 상단에 있는 톱니바퀴 모양의 아이콘은 스탬프 설정 메뉴입니다.

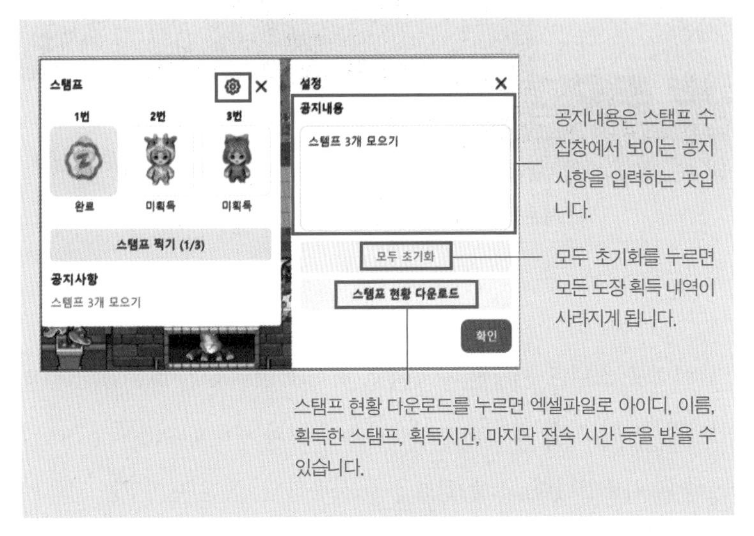

스탬프 설정창

스탬프를 1개만 모은 상태에서 스탬프 체커에게 다가가 상호작용 단축키 F를 누르면 다음과 같은 메시지가 뜨는 것을 볼 수 있습니다.

필요한 스템프 수가 부족합니다 (1 / 3)

왜 이런 메시지가 뜰까요? 설정해놓은 3장의 스탬프를 다 모으지 못했기 때문이지요. 스탬프를 모두 모은 다음 스탬프 체커에게 다가가면 다음 이미지처럼 '스탬프 체커 설정'에서 입력했던 텍스트가 등장합

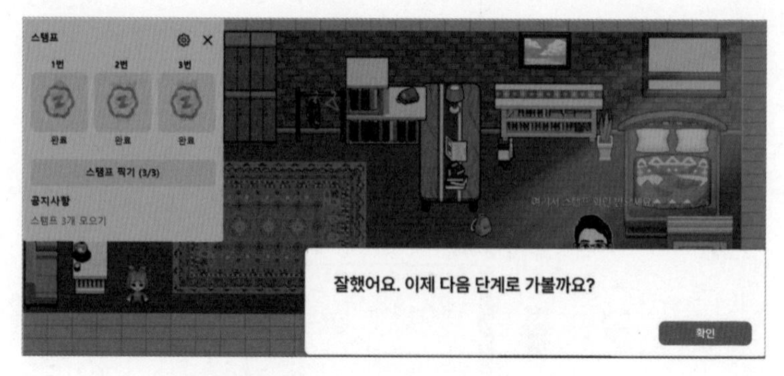

스탬프를 다 모으고 스탬프 체커한데 갔을 때의 모습

니다.

이렇듯 스탬프 기능은 사용자로 하여금 보물찾기 하는 즐거움을 선사할 수 있고 맵 제작자는 사용자의 흥미와 관심을 이끌어낼 수 있는 좋은 기능입니다. 스탬프 앱을 잘 사용하면 좀 더 재미있는 교육적 요소를 충분히 가미할 수 있을 것입니다.

타일에 다양한 효과 주기

타일을 설정하고 다양한 효과를 주는 것은 내가 의도한 대로 공간을 구현하기 위해 필수적인 기능입니다. 처음 맵 에디터에서 알록달록한 색깔로 가득 찬 '타일 효과'를 보면 복잡하고, 어려워 보일 수 있지만 하나하나 살펴보면 단순하고 쉽습니다.

맵 에디터에서 타일 효과 버튼을 클릭하면 아바타 이동, 포털, 비

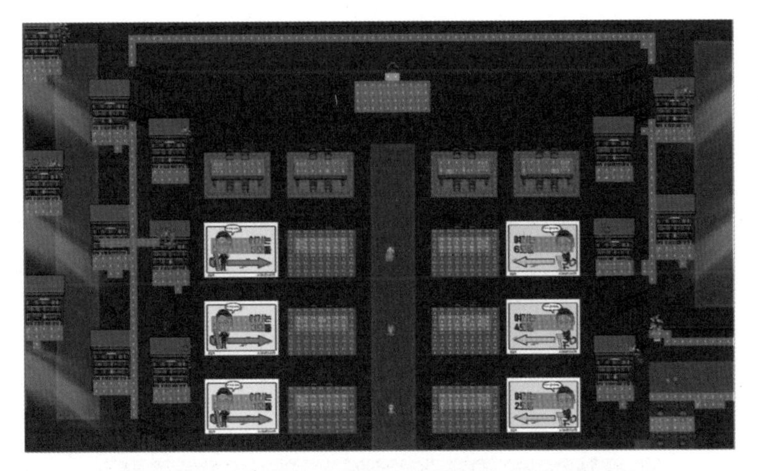
다양한 색상과 복잡해 보이는 기능의 타일 효과. 어렵지 않습니다!

디오·오디오 설정, 미디어 효과를 지정할 수 있습니다.

아바타 이동

아바타 이동을 위한 타일 효과는 '통과 불과(A)'와 '스폰(S)'이 있습니다.

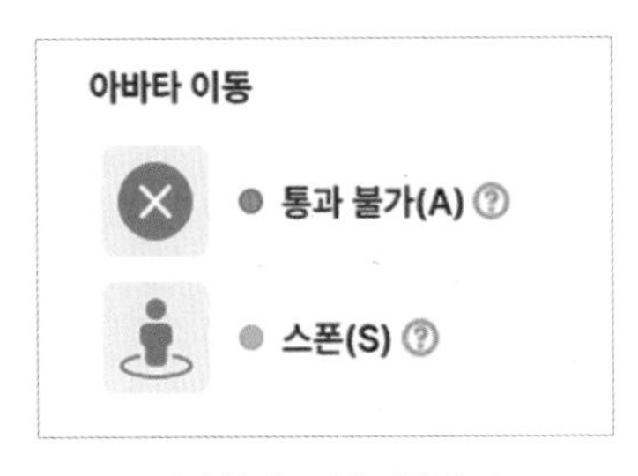

통과 불가, 스폰 타일 효과

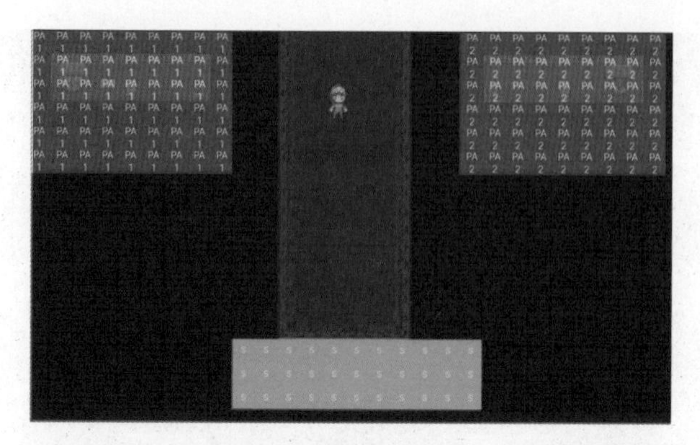

여러 개의 타일을 선택하여, 한곳에 집중적으로 스폰 위치를 설정

여러 개의 타일을 선택하여, 스폰 위치 또한 두 군데로 나누어 설정

'통과 불가'는 아바타가 물리적으로 통과할 수 없는 타일을 지정합니다. 벽이나 통과할 수 없는 영역에 지정하면 되며 단축키는 'A'입니다. 타일 효과가 적용되면 해당 타일이 붉은 색상으로 표시됩니다.

'스폰'은 아바타가 생성되는 포인트(위치)입니다. 하나의 타일에만 스폰을 지정할 수도 있고, 여러 개의 타일에 지정할 수도 있습니다. 또는 여러 개의 타일을 한곳에 집중적으로 설정할 수도 있고, 스폰 위치 자체를 여러 방향으로 나누어 설정할 수도 있습니다.

포털

'포털'은 아바타를 스페이스 안에서 다른 곳으로 이동할 수 있게 해주는 기능입니다. 포털의 단축키는 'D'이며, 세 가지 방법으로 이동이 가능합니다.

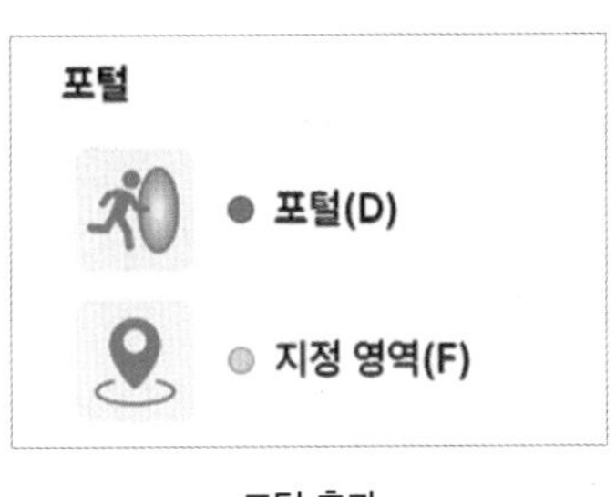

포털 효과

• 스페이스 내 다른 맵으로 이동

포털을 설정할 때, 보편적으로 많이 사용되는 방법이 '스페이스에서 다른 맵으로 이동'하는 것입니다. 예를 들어 아바타가 맵을 돌아다니다가 '영어 도서관' 문 앞에 다가가면, 도서관 안으로 들어가게끔 설정을 하고 싶습니다. 이때 '영어 도서관' 안쪽의 모습을 구현해놓은 맵을 가지고 있다면, '스페이스 내 다른 맵으로 이동'을 선택하여 설정하면 됩니다.

만약 '스페이스 내 다른 맵으로 이동'을 클릭한 다음, 아래 '이동할 맵'을 선택했는데 맵 정보가 하나도 뜨지 않는다면, 내가 현재 메인이 되는 맵 외에 다른 맵을 추가하지 않은 것이므로, '맵 관리자'에서 '새 맵 추가하기' 버튼을 눌러 새 맵을 추가하면 됩니다. 새로운 맵을 추가하고 난 다음에 다시 '스페이스 내 다른 맵으로 이동'을 누른 다음 확인하면, 내가 추가한 맵의 이름이 뜹니다.

포털이 설치된 에디터 화면

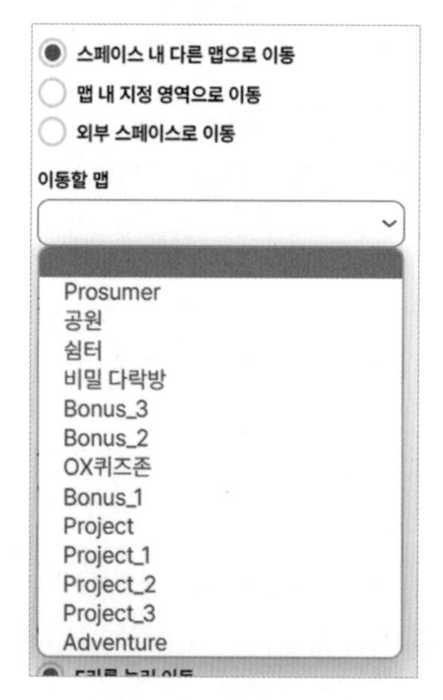

스페이스 내 다른 맵으로 이동

• 맵 내 지정 영역으로 이동

'스페이스 내 다른 맵으로 이동'은 2개 이상의 맵이 필요하지만 '맵 내 지정 영역으로 이동'은 하나의 맵 안에서 순간 이동을 하게끔 도와주는 기능입니다. '맵 내 지정 영역으로 이동'을 선택하면 다음으로 '지정 영역'을 설정해야 합니다. 즉 '맵 내 지정 영역으로 이동'을 설정하기 위해서는 '지정 영역' 설정이 선행되어야 합니다.

따라서 [포털] - [지정 영역]을 먼저 살펴보겠습니다.

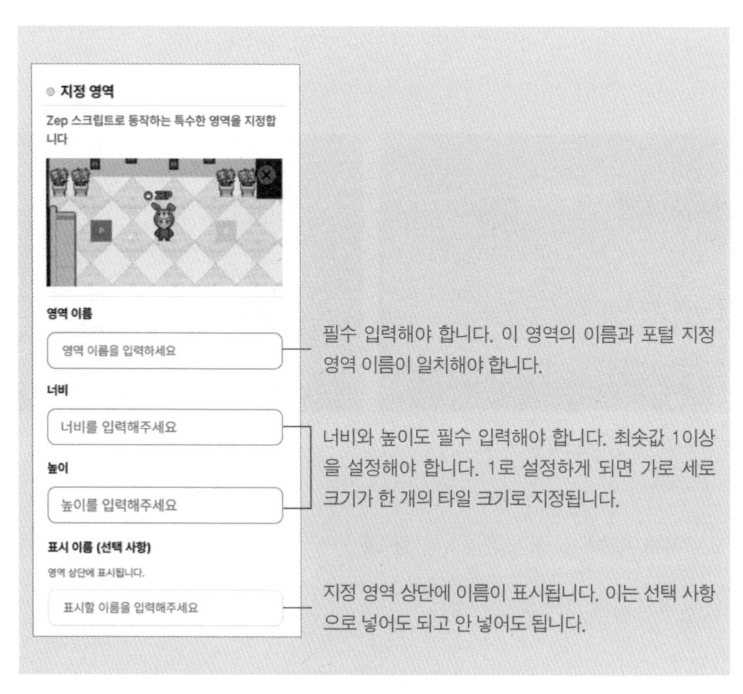

지정 영역 설정 방법

[포털] - [지정 영역]은 젭 포털 기능을 수행할 때 아바타를 이동시키고자 하는 영역을 미리 지정하는 것입니다. 때로는 젭 스크립트(명령어)를 실행할 때 사용하기도 합니다. 단축키는 'F'이며, 노란색의 타일로 표시됩니다.

사례에서는 교탁을 지정 영역으로 설정해보았습니다. 맵 에디터에서는 편의상 '영역 이름'을 '교탁'이라고 입력 후, '표시 이름'(선택 사항)에서도 동일하게 '교탁'이라고 입력했습니다. 따라서 플레이 화면에서도 아이콘 옆에 '교탁'이라는 이름이 보입니다. 이름이 안 보이게 하고 싶다면 '표시 이름'에 아무것도 입력하지 않으면 됩니다.

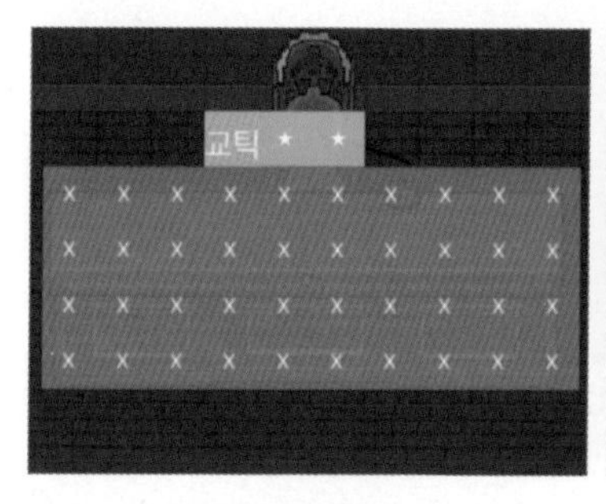

에디터 장면

플레이 화면

'지정 영역'을 설정했으니, '맵 내 지정 영역으로 이동' 타일 효과를 설정해보겠습니다.

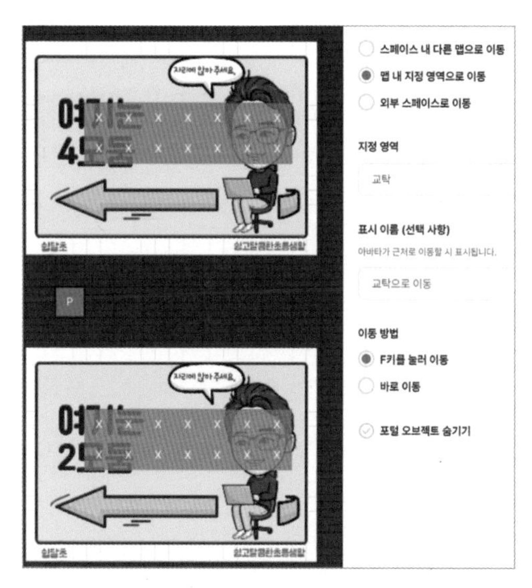

맵 내 지정 영역으로 이동 포털 설정 장면

포털 이동 장면

맵 내 지정 영역으로 이동 장면

- **외부 스페이스로 이동**

이 기능은 '맵'과 '맵'의 이동이 아닌 '맵'에서 '다른 스페이스'로 이동할 때 사용하는 기능입니다. 앞에서 언급했지만 공간에서 '스페이스'는 '맵'보다 큰 개념입니다. 하나의 스페이스 안에는 한 개의 맵이 있을 수도 있고, 여러 개의 맵이 하위 항목으로 있을 수도 있습니다.

외부 스페이스로 이동을 설정할 때는 한 가지만 주의하면 됩니다. 바로 이동할 외부 스페이스의 '전체 주소'가 아닌 '스페이스 ID'만을 입력해야 한다는 것입니다.

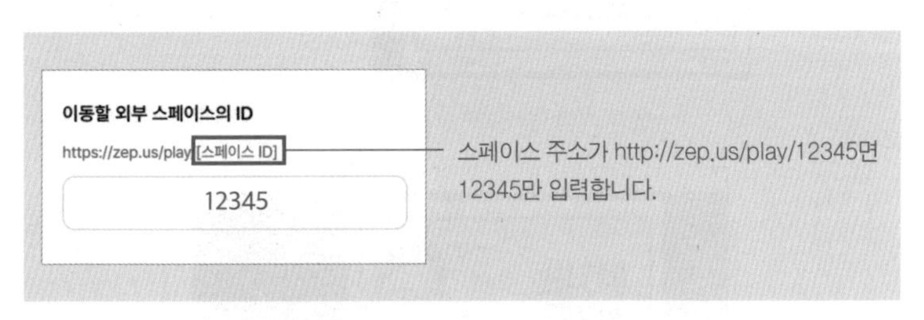

이동할 외부 스페이스의 ID 입력 방법

비디오·오디오 설정

비디오·오디오 설정 화면

비디오·오디오 설정에서는 '프라이빗 공간'을 지정하거나, 특정 타일에 '스포트라이트' 효과를 줄 수 있습니다.

• 프라이빗 공간

'프라이빗 공간'은 말 그대로 독립된 공간을 말합니다. 프라이빗 공간으로 지정된 영역에 입장한 아바타들끼리만 소통이 가능합니다. 이 기능을 활용하면 모둠 활동 공간, 상담 공간, 회의실 공간 등으로 영역별로 나누어 사용할 수 있습니다. 프라아빗 공간의 단축키는 'Z'이며, '통과 불가 프라이빗 영역'과 '인원 제한 프라이빗 영역'의 두 가지 옵션이 있습니다.

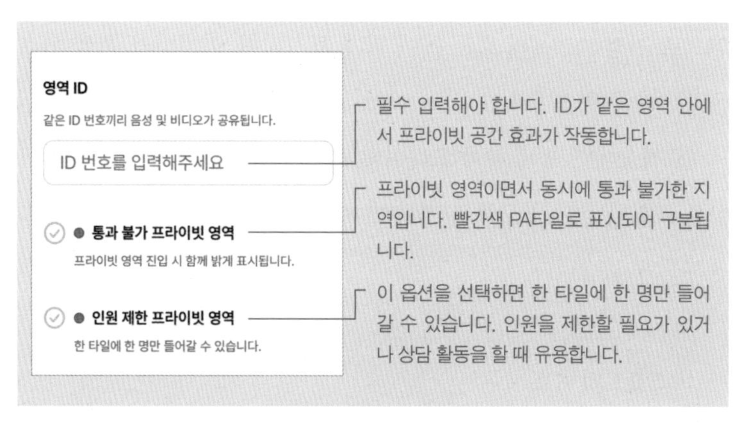

프라이빗 공간 설정 화면

'통과 불가 프라이빗 영역'은 프라이빗한 공간에 통과 불가 기능을 추가하는 것입니다. 다음 이미지와 같이 활용할 수 있습니다.

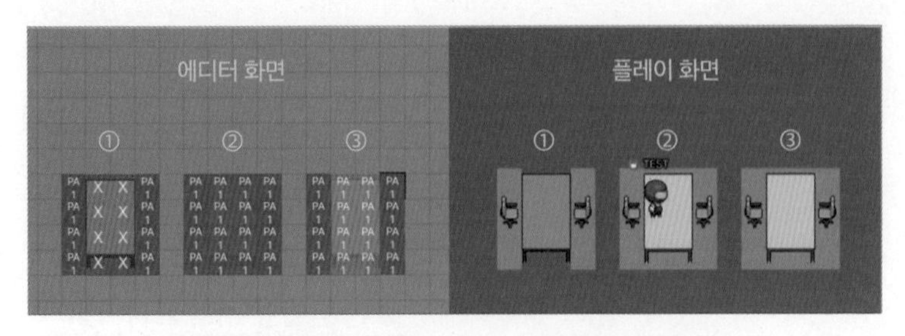

통과 불가 프라이빗 영역의 에디터 화면과 플레이 화면

① 책상에 '통과 불가' 효과를 주어 아바타가 책상 위에 올라가지 못하게 만들었습니다. 이 경우 PA1으로 지정된 프라이빗 영역을 제외한 나머지 부분이 어두워지기 때문에 책상 역시 어두워집니다.

② 책상을 포함하여 프라이빗 영역을 지정했습니다. 프라이빗 영역으로 지정된 PA1의 모든 곳이 밝게 표시되며, 아바타가 책상 위로 올라갈 수도 있습니다.

③ 책상에만 '통과 불가 프라이빗 영역'을 추가 지정하였습니다. 책상을 포함한 PA1의 모든 영역이 밝게 표시되며, 아바타는 책상 위로 올라갈 수 없습니다.

• 스포트라이트

'스포트라이트'는 말 그대로 주목을 받을 수 있는 기능입니다. 스포트라이트로 지정된 구역에 들어가면, 해당 아바타의 영상, 화상, 채팅이 맵 전체에 공개됩니다. 교사가 학생들 전체에 전달할 사항이 있거나, 전체 인원을 대상으로 하는 발표자가 있다면 스포트라이트 효과를 사용하면 좋습니다. 단, 하나의 맵에 너무 많은 스프라이트가 존재하면 맵에 과부하가 걸릴 수 있기 때문에, 젭에서는 30개 이하로 설치하기를 권장합니다.

맵 에디터에서 청록색 타일로 표시되며, 단축키는 'X'입니다.

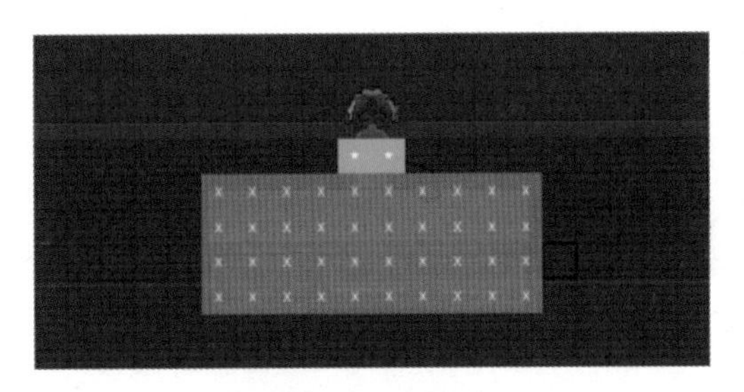

스프라이트 에디터 화면 예시

미디어

오브젝트뿐 아니라 타일에도 '미디어' 기능을 사용하여, 유튜브, 웹 링크, 배경 음악을 삽입할 수 있습니다. 오브젝트에 미디어를 삽입할 것인지, 타일에 미디어를 삽입할 것인지는 개인이 선택하면 됩니다.

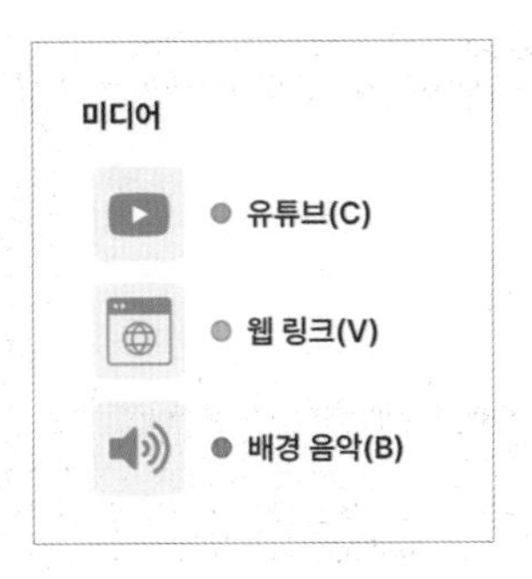

유튜브, 웹 링크, 배경 음악

• **유튜브**

유튜브를 맵 내에 배치할 때 사용합니다. 오브젝트에 유튜브 링크를 설정하는 것과 [타일 효과] - [미디어] - [유튜브]에서 유튜브 링크를 삽입하는 것은 구현되는 모습에서 약간의 차이가 있습니다.

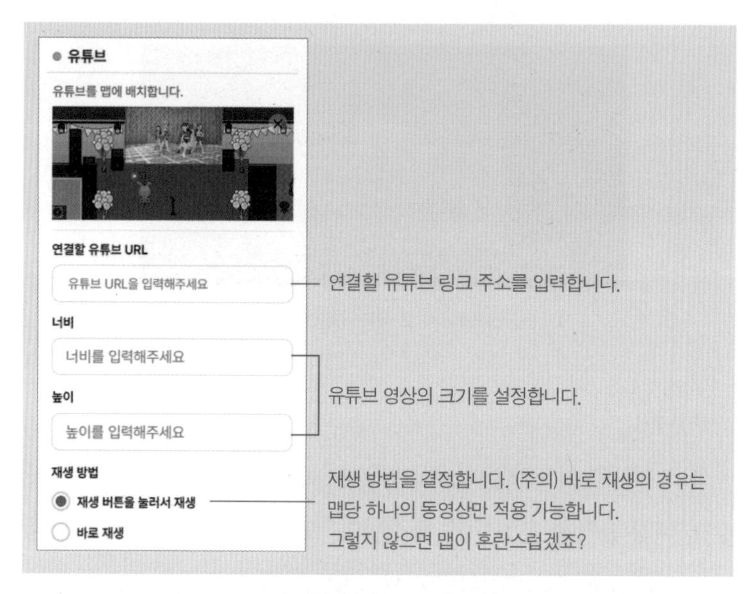

타일에 유튜브 효과 적용하기

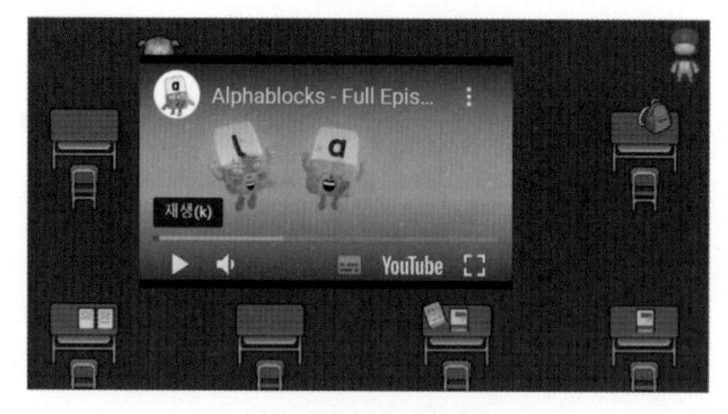

타일에 유튜브를 삽입했을 때

• **웹 링크**

웹 링크는 타일에 웹사이트가 열리는 포털을 설치하는 것입니다.

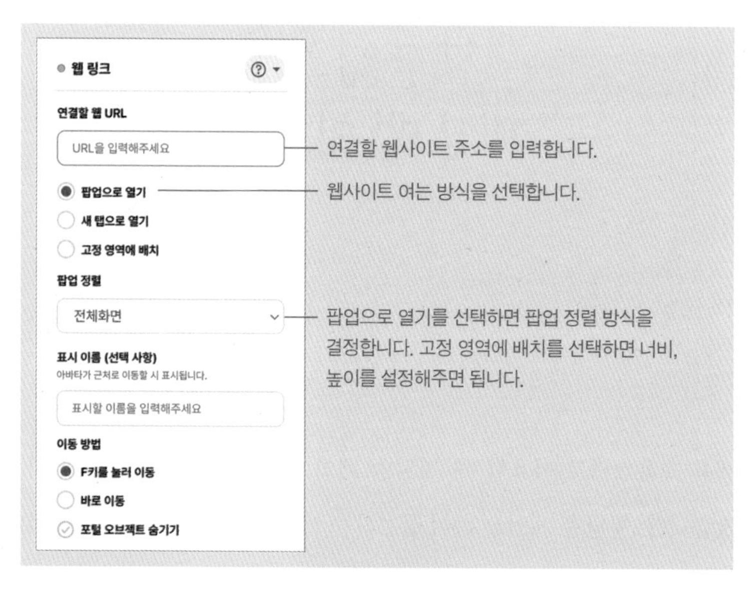

웹링크 설정 방법

• **배경 음악**

타일에 배경 음악을 삽입할 수 있습니다.

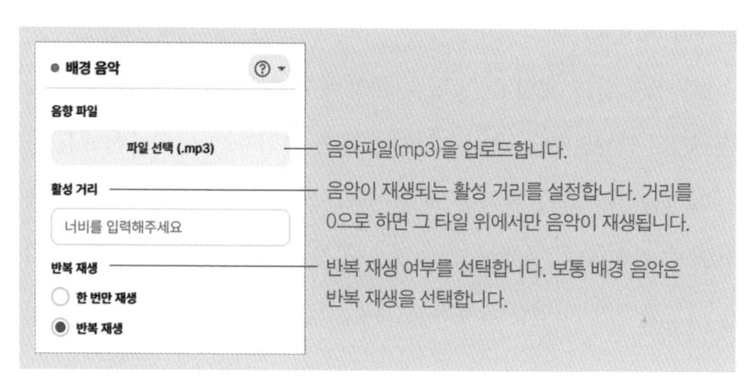

배경 음악 설정 방법

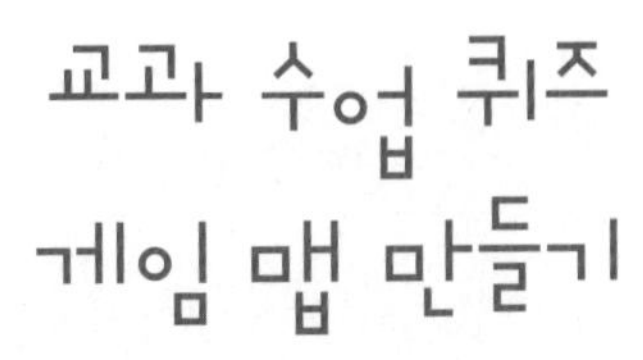

교과 수업 퀴즈 게임 맵 만들기

젭을 교육적으로 사용할 때 '방탈출 게임' 방식으로 활용하는 경우가 많습니다. 방탈출 게임을 많이 활용하는 이유는 교과 수업에서 학생들의 학습 성취를 확인하거나, 복습을 해야 할 때 조금은 지루할 수 있는 과정을 '방탈출'이라는 게임적인 요소를 적용하여 흥미롭게 진행할 수 있기 때문입니다. 하지만 학교 방탈출 게임 맵을 처음부터 직접 만드는 것은 어려운 일입니다. 젭의 맵 메이커를 조금은 능숙하게 다룰 수 있어야 하지요.

하지만 '퀴즈 게임'은 '방탈출 게임'에서 추구하는 학습적인 요소, 즉 수업 시간에 배운 내용을 확인하거나, 점검하거나, 복습하게끔 하는 목적을 추구하되, 방탈출 게임의 맵을 만드는 것보다 좀 더 쉽게 제작할 수 있습니다. 젭에서 '학교 퀴즈룸' 템플릿을 제공하기 때문에, 처음 시도한다면 이 맵을 활용해서 '교과 수업 퀴즈 게임 맵'을 만드는 것을 추천합니다. 방탈출 게임 맵을 만드는 것보다 교과 수업 퀴즈 게임 맵을 만드는 것이 좀 더 쉽고, 맵을 만드는 데 필요한 기능 또한 적은 편입니다.

따라서 이번 장에서는 '학교 퀴즈룸' 템플릿을 사용해서 '교과 수업 퀴즈 게임 맵'을 만드는 방법을 공유하고자 합니다. 천천히 따라하다 보면 내 교과 수업에 사용할 맵을 혼자서도 어렵지 않게 만들 수 있으리라 생각합니다.

스페이스 만들기

젭 홈페이지에 접속하여 로그인한 다음 '스페이스 만들기'를 클릭합니다. 스페이스 만들기 버튼을 클릭하면 'ZEP 맵'과 '구매한 맵'의 두 가지 탭이 나옵니다. 우리는 'ZEP 맵'에서 '학교 퀴즈룸'을 선택하여 만들어보겠습니다.

템플릿 고르기

'학교 퀴즈룸'을 선택해 '스페이스 설정'에서 스페이스 이름을 작성하고, 태그를 선택한 다음 '만들기'를 누르면, 다음과 같은 화면이 실행됩니다.

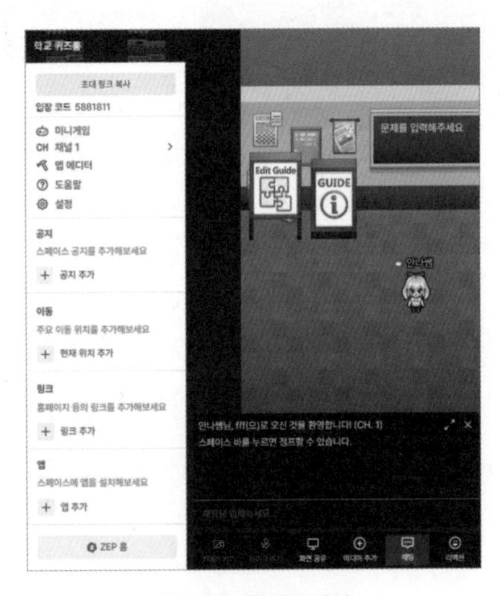

학교 퀴즈룸 생성 화면

'학교 퀴즈룸'은 기본적으로 20개의 퀴즈를 낼 수 있게끔 설정되어 있습니다. 학교 퀴즈룸에서는 문항수를 변경할 수 없지만, 에셋 스토어에서 구매한 맵에 퀴즈룸을 추가 생성하는 경우에는 퀴즈의 개수를 10개로 변경할 수 있습니다. 이 경우 맵의 채팅창에 '!zep_quizroom_set_quiz_10'라는 명령어를 입력해줘야 합니다. 명령어를 입력하고 나면, 화면에 '퀴즈 수가 10개로 설정되었습니다'라는 문구가 뜹니다.

퀴즈룸의 문항 개수 변경 화면

이제 왼쪽 메뉴바 중앙에 있는 '맵 에디터'를 클릭하여 세부 설정을 변경하면서 교과 수업 퀴즈룸 공간을 만들어보겠습니다.

이 '학교 퀴즈룸' 맵은 세로로 길게 만들어진 맵입니다. 맵 에디터에 접속했으면, 제일 먼저 상단의 [바닥] - [화살표]를 선택한 다음 마우스 왼쪽을 클릭한 상태로 아래로 드래그하여, 맵의 시작 지점을 찾

퀴즈룸 생성 후 맵 에디터로 접속하기

학교 퀴즈룸 맵 시작 지점

아야 합니다.

맵의 시작 지점을 찾았다면 [오브젝트(3)] - [도장]을 선택하여 본격적으로 교과 수업과 관련된 문제를 만들 수 있습니다. 수업 관련 문제는 '오브젝트'에 문항을 삽입하는 형태로 만들어집니다. '텍스트 오브젝트'를 사용하여 텍스트로 문제를 기입하는 것과, 물체 모양의 '오브젝트'에 기능을 설정하는 두 가지 방법으로 만들 수 있습니다. 먼저 '텍스트 오브젝트'에 문제를 입력하는 방법은 다음과 같습니다.

[오브젝트] - [도장] - [텍스트 오브젝트] 추가를 선택하여 'Text contents'에 문제 또는 힌트 등을 입력합니다.

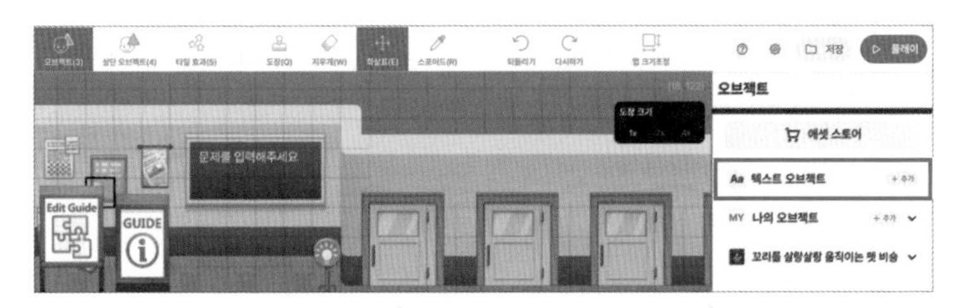

텍스트 오브젝트를 추가하여 문제 출제하기

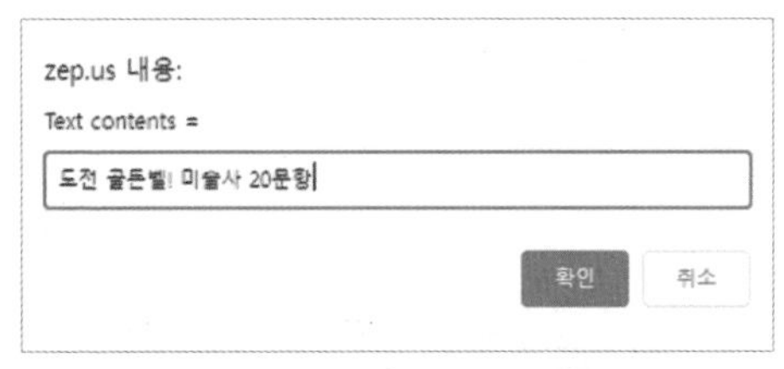

텍스트 오브젝트 추가하기 - 도전 골든벨! 미술사 20문항!

저는 '도전 골든벨! 미술사 20문항!'이라고 작성하였습니다. 텍스트를 입력한 다음 확인 버튼을 누르고, 텍스트를 표시하고 싶은 곳을 클릭하면, 내가 쓴 텍스트가 맵에 반영됩니다.

이제 문제를 설정했으니, 보기를 만들어 답을 입력해야겠지요. 저는 칠판 옆에 NPC 캐릭터를 추가로 삽입해서 문제를 출제하려고 합니다. 캐릭터는 '학교 친구들 오브젝트'를 사용했는데, 이런 다양한 오브젝트는 젭 홈페이지의 에셋 스토어 오브젝트(https://zep.us/store/assets?type=object)에서 무료로 다운로드할 수 있습니다.

에셋 스토어의 '학교 친구들 캐릭터' 오브젝트

‘오브젝트’에서 원하는 캐릭터를 선택했다면, 맵 메이커에서 원하는 맵의 위치에 ‘도장’(클릭)을 찍습니다.

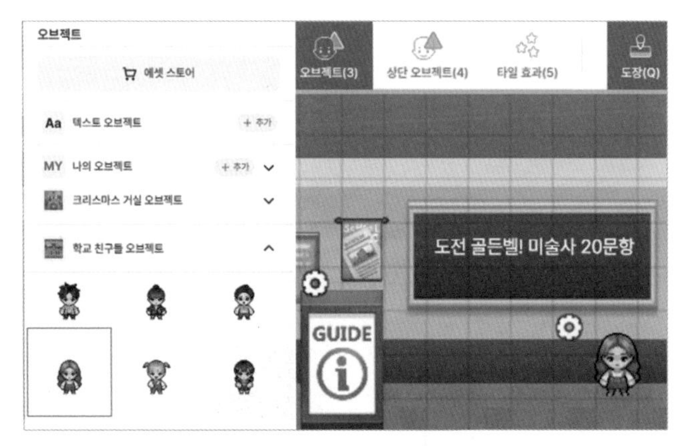

오브젝트에서 캐릭터 선택 후 도장 찍기

그리고 캐릭터 좌측 상단에 표시된 톱니바퀴 모양을 더블 클릭하면 아래와 같이 ‘오브젝트 설정’ 창이 뜹니다.

[오브젝트 설정] - [말풍선 표시]

오브젝트 설정에서 '말풍선 표시'를 선택하면, 세부 오브젝트 설정에서 '말풍선 텍스트'에 문제를 입력할 수 있습니다. 제가 입력한 텍스트는 미술사 문제로 '〈별이 빛나는 밤에〉를 그린 작가의 이름은?'입니다. 실행 범위는 2, 실행 방법은 [바로 실행]을 선택했습니다.

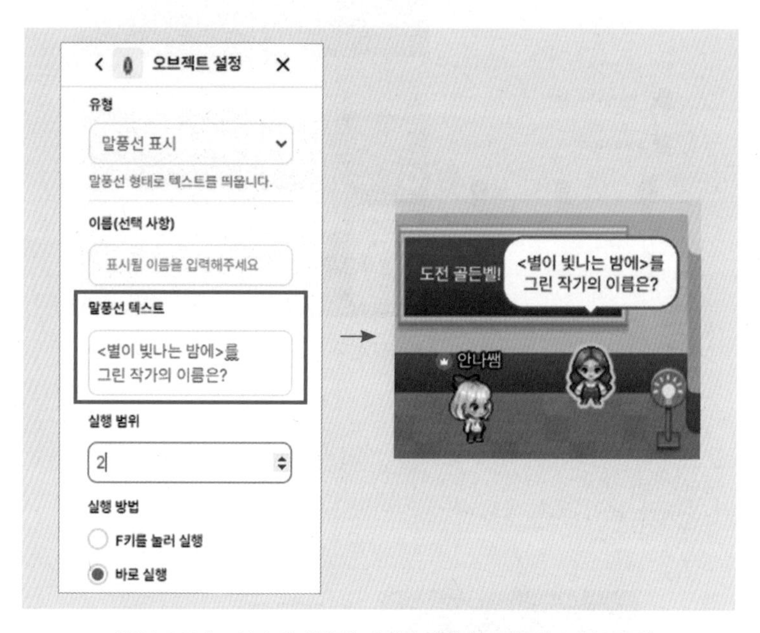

말풍선 오브젝트 설정 화면(왼쪽), 맵에서 실행되는 말풍선 모습(오른쪽)

NPC 캐릭터 근처로 아바타가 다가가면 위 이미지처럼 노랗게 표시되면서 말풍선으로 문제를 보여주는 것을 확인할 수 있습니다.

문제를 출제했으니, 이번에는 NPC 옆의 전구 모양 오브젝트에 힌트를 넣어주려고 합니다. 해당 오브젝트를 클릭하고 '오브젝트 설정'에서 이번에는 '이미지 팝업'을 선택합니다.

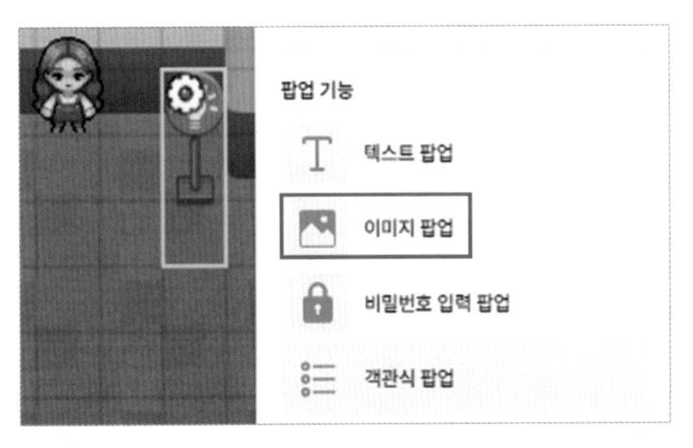

이미지 팝업

〈별이 빛나는 밤에〉를 그린 빈센트 반 고흐에 대한 힌트를 주기 위함이므로, '이미지 파일'에서 해당 이미지를 업로드하면 됩니다.

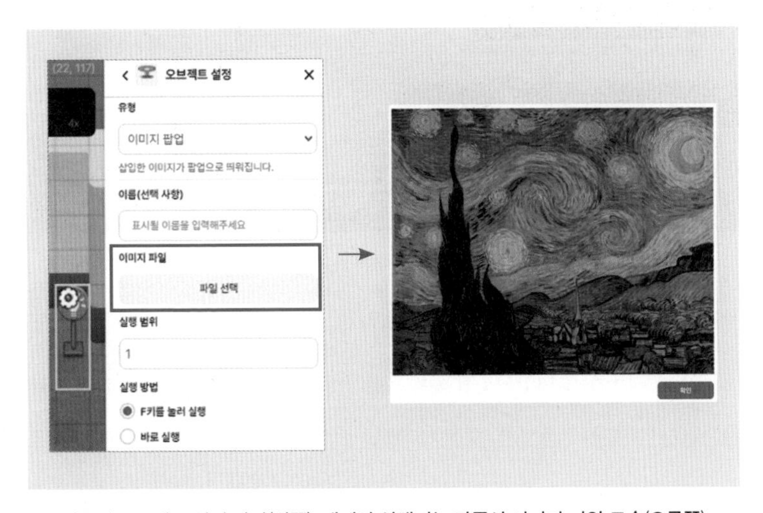

말풍선 오브젝트 설정 화면(왼쪽), 맵에서 실행되는 말풍선 이미지 파일 모습(오른쪽)

그럼 이번에는 문제의 보기를 만들어보겠습니다. 퀴즈룸 기본 맵에는 다음 그림처럼 문 앞에 보기1, 보기2, 보기3, 보기4의 텍스트가 적혀 있습니다. 이는 퀴즈룸을 어떻게 활용하는지 보여주기 위한 예시이므로, 맵 에디터 상단의 [오브젝트(3)] - [지우개]를 선택한 다음, 해당 텍스트를 클릭하여 지우면 됩니다.

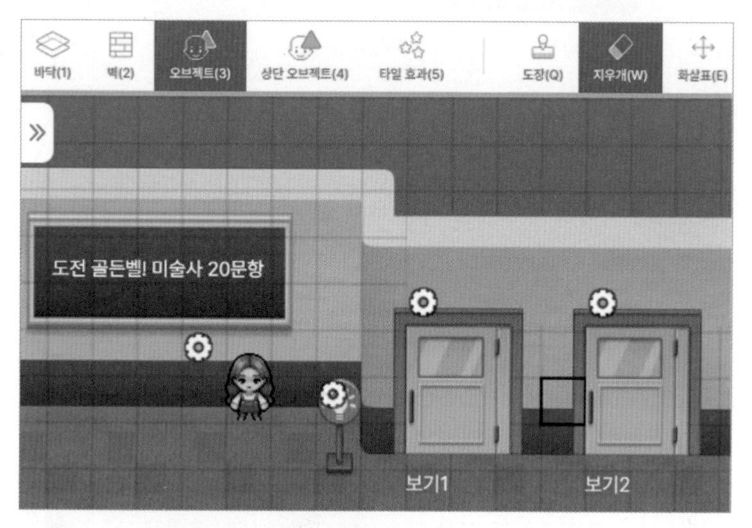

[오브젝트(3)] - [지우개]를 선택한 다음 '보기' 텍스트 지우기

이제 '〈별이 빛나는 밤에〉를 그린 작가 이름'의 보기를 만들어볼까요? [오브젝트] - [텍스트 오브젝트]를 선택하고 고흐, 고갱, 피카소, 르누아르를 텍스트로 각각 입력하였습니다.

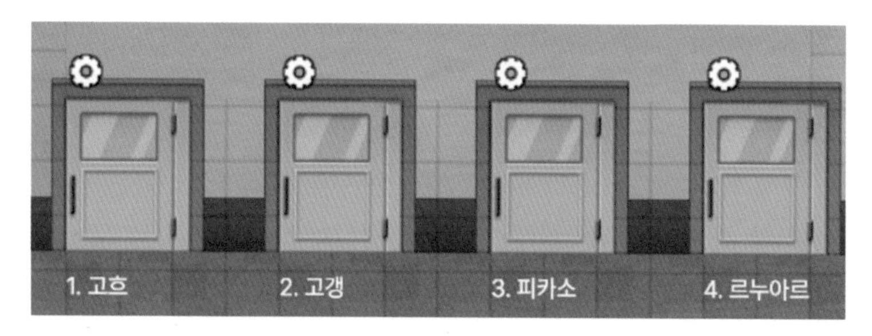

보기 만들기

이 문제의 정답은 '고흐'입니다. 이번에는 정답을 설정해야 합니다. 정답을 설정하기 위해서는 맵 에디터 상단의 '타일 효과'를 선택한 다음 '지정 영역'을 선택합니다.

타일 효과를 선택하면 다음과 같은 붉은색, 노란색 타일이 미리 설정되어 있는 것을 볼 수 있습니다.

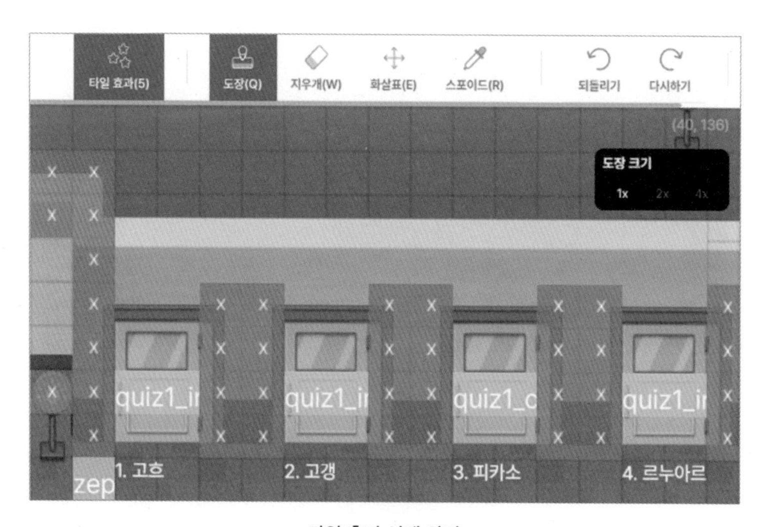

타일 효과 선택 화면

붉은색 타일은 '통과 불가' 타일이 적용된 것이고, 노란색(quiz) 타일은 정답과 오답의 '지정 영역'이 적용된 것입니다. 퀴즈룸에는 정답과 오답의 지정 영역이 미리 세팅되어 있기 때문에, 우리는 두 가지 방법 중 하나를 선택할 수 있습니다.

만약 이미 적용된 타일 효과를 그대로 사용하고 싶다면, 노란색(quiz) 타일에 적혀 있는 정답(correct)과 오답(incorrect)의 위치에 내가 내는 문제의 정답과 오답을 위치하게 만드는 것입니다. 타일이 설정된 문의 폭이 좁으므로 글씨가 잘려서 보이지만, 앞 글자로 유추할 수 있습니다. 정답의 경우에는 'quiz_c(correct)'가 보이고, 오답의 경우에는 'quiz_i(incorrect)'가 보입니다.

만약 직접 지정 영역을 설정하고 싶다면, [타일 효과] - [지우개]로 해당 지정 영역(노란색 타일)을 삭제한 다음 다시 설정할 수 있습니다.

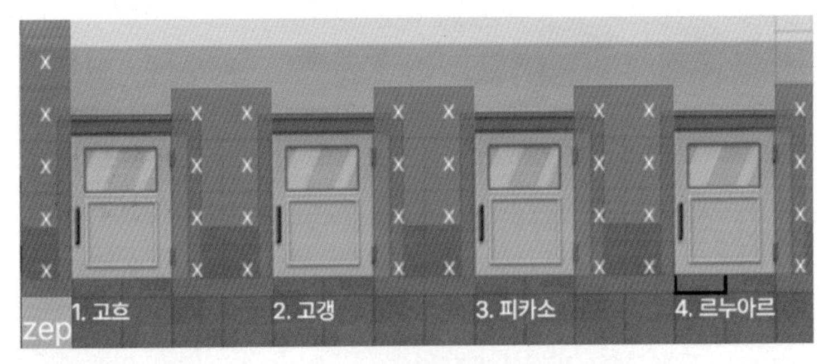

지정 영역 삭제 화면

다시 설정하는 방법은 다음과 같습니다. 타일 효과에서 포털의 '지정 영역(F)'을 선택합니다. 이후 지정 영역에서 영역 이름을 설정합니다. 정답의 경우 'quiz[번호]_correct'라고 입력하고 오답일 경우 'quiz[번호]_incorrect'라고 적습니다. 즉 정답이 1번일 경우, quiz1_correct를, 나머지는 quiz2_incorrect, quiz3_incorrect, quiz4_incorrect라고 입력하여 각각 도장을 찍으면 됩니다.

정답: quiz[번호]_correct (e.g. quiz1_correct)
오답: quiz[번호]_incorrect (e.g. quiz3_incorrect)

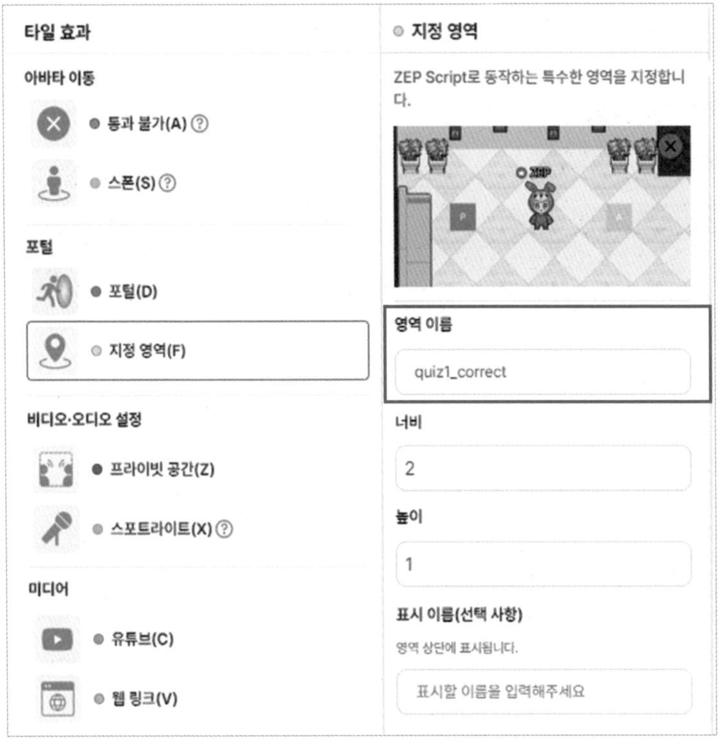

지정 영역 설정하기

이렇게 지정 영역으로 정답과 오답을 설정하고 나면, 젭에서 실행했을 때 아바타가 정답이 설정된 첫 번째 문을 통과하면 '정답입니다!(1/10)'라는 문구가 뜹니다. 오답의 문을 통과하면 '오답입니다!(0/10)'라는 문구가 뜨며, 뒤로 돌아가서 정답의 문으로 다시 돌아와도 정답으로 카운팅되지 않습니다.

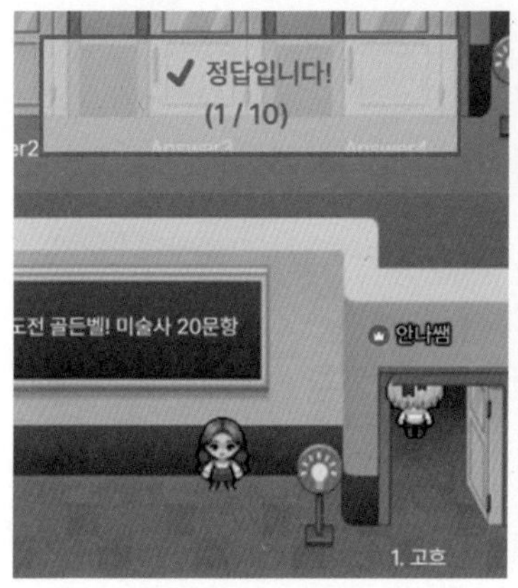

정답의 문을 통과했을 때

오답의 문을 통과했을 때

문제와 보기, 정답과 오답의 영역을 설정했으니, 이번에는 맵 에디터에서 오브젝트에 정답의 해설을 입력해보겠습니다. 이번에는 '텍스트 팝업'으로 설정해보겠습니다.

맵 에디터 상단의 [오브젝트(3)] - [도장]을 선택하고, 톱니바퀴 모양을 클릭하여 '오브젝트 설정'을 누릅니다. 유형은 '텍스트 팝업'을 선택하고, '텍스트' 난에 정답과 해설을 작성합니다. 실행 범위와 실행 방법은 자유롭게 설정하면 됩니다.

정답해설 오브젝트 설정하기

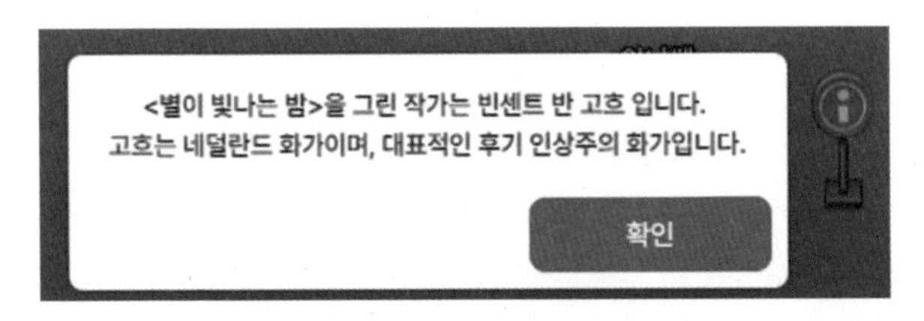

정답해설 오브젝트가 실행되면 나오는 문구

여기까지 설정을 끝냈다면, 나머지는 지금까지의 과정을 반복하면 됩니다. 문제를 출제하고, 보기를 적고, 정답의 지정 영역을 설정하고, 정답해설을 작성하는 과정을 반복하여, 10문항 또는 20문항을 출제하면 됩니다. 퀴즈룸은 다음 그림과 같이 비슷한 구조의 교실이 반복되

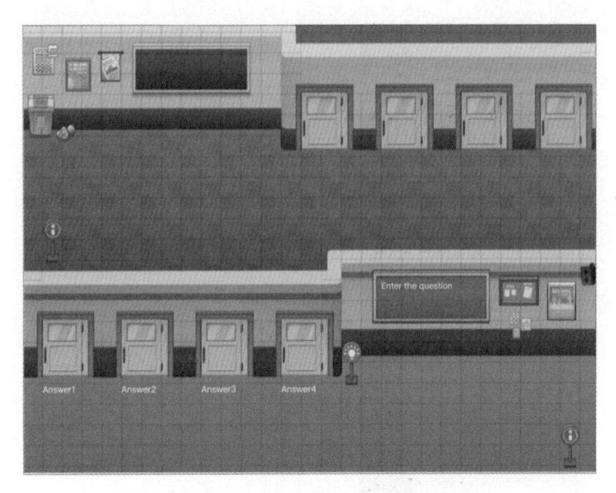

비슷한 구조의 교실이 반복되는 퀴즈룸의 모습

기 때문에 한 번만 이 과정을 따라해본다면, 그다음부터는 훨씬 쉽게 문제를 출제할 수 있습니다.

반복되는 구조의 교실에 문제를 설정하다 지루해질 즈음 다음과 같은 조금 다른 모습의 장소가 나타납니다. 바로 쉬어가는 코너입니다.

10문항 이후 쉬어가는 코너

이곳에 재미있는 요소를 배치해두면 좋습니다. 곰돌이 모양의 오브젝트를 추가하고, '말풍선 표시'에 응원의 메시지를 남긴다거나, NPC에게 대사를 입력하는 등 자유롭게 꾸밀 수 있습니다. 앞 장에서 살펴보았던 '스탬프'를 오브젝트에 지정하여 숨은 오브젝트를 찾아 스탬프를 모으게 할 수도 있습니다.

곰돌이와 NPC에게 대사를 입력한 모습

또는 오브젝트에 '비밀번호 입력 팝업'을 삽입하고, 가위바위보를 해서 이겼을 때 특정 이미지를 보여주는 방법도 있습니다. 비밀번호 입력 팝업은 해당 오브젝트에 비밀번호를 입력하게 하여, 비밀번호를 맞혔을 때, 해당 오브젝트를 사라지게 하거나, 교체하거나, 텍스트나 이미지 팝업이 뜨게끔 하는 것입니다.

하는 방법은 간단합니다. NPC가 '보자기'를 냈다고 가정하고, 비밀번호는 '가위'를 설정합니다. 비밀번호 설명에 '나랑 가위바위보 할래?

가위바위보~!'라는 메시지를 입력하고, 가위 외 다른 것을 입력하면 '땡! 나를 이겨야지, 다시 해봐~'라는 문구가 나오도록 '비밀번호 실패 메시지'를 입력합니다.

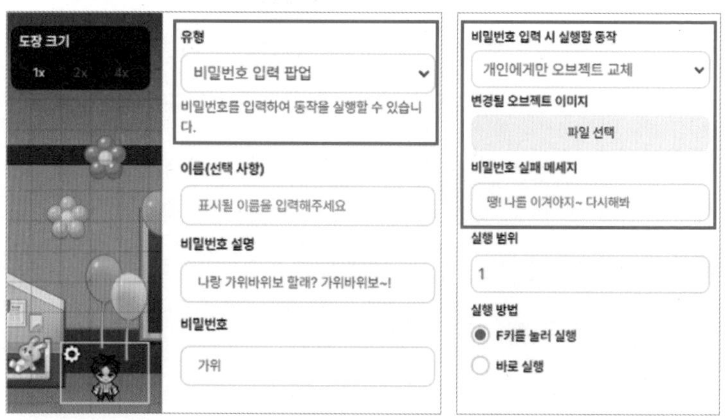

비밀번호 입력 팝업으로 가위바위보 설정하기

가위바위보 NPC에게 말을 걸고(왼쪽), 이겼을 때 나오는 화면(오른쪽)

비밀번호인 '가위'를 입력했다면 NPC가 사라지고 '잘했어!' 이미지가 나오게 하고 싶다면 '비밀번호 입력 시 실행할 동작'에 '개인에게만 오브젝트 교체'를 선택한 다음, 변경할 오브젝트 이미지를 업로드하면 됩니다. 이미지를 업로드할 때는 젭 타일 한 개의 크기가 32px 기준이라는 걸 생각하고, 적당한 사이즈의 이미지를 선택해야 합니다.

너무 크거나 작은 이미지로 교체되지 않도록 업로드한 파일 크기를 확인하는 것을 잊지 마세요. 혹 이미지 크기 조절이 어렵다면 추천

너무 큰 이미지(왼쪽), 이미지를 아바타의 크기에 맞게 32x64px 사이즈로 변경한 모습(오른쪽)

하고 싶은 홈페이지로 아이 러브 이미지(https://www.iloveimg.com/ko)가 있습니다. 회원가입 없이도 무료로 사용할 수 있고, 이미지 크기 조절을 px 단위로 손쉽게 할 수 있습니다. 이미지 크기를 조절하는 데 1분 정도면 충분하니 사용해보는 것도 좋겠습니다.

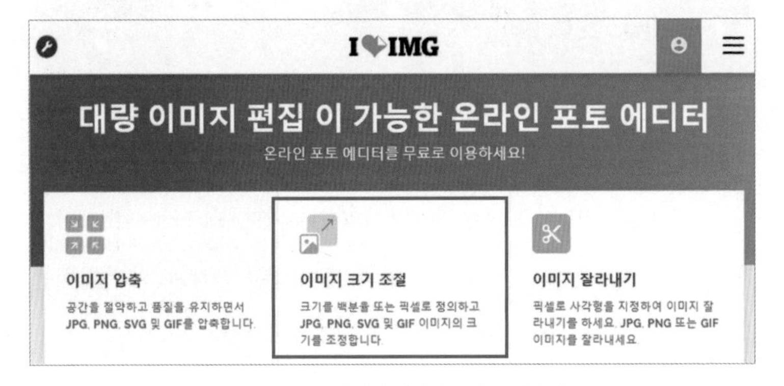

아이러브 이미지에서 이미지 크기 조절하기

마지막으로 퀴즈의 문제를 다 내고 나서 확인할 공간은 퀴즈룸의 끝 방입니다. 사실 이 공간은 별도로 설정할 것이 없습니다. 퀴즈 룸 기본 맵에서 이미 타일 설정이 다 되어 있기 때문에 원하는 오브젝트를 추가하거나 다른 맵으로 이동 포털을 연결하는 등의 작업을 하기만 하면 됩니다.

학생들이 모든 퀴즈를 다 풀고, 퀴즈룸의 끝 방에 도착해서 원형 구조물 위에 올라가면, 칠판에서 해당 학생이 맞춘 퀴즈의 개수를 확인할 수 있습니다.

퀴즈 결과를 확인할 수 있는 퀴즈룸의 마지막 방 모습

학생들은 자신이 푼 퀴즈 결과를 마지막 방에서 직접 확인할 수 있고, 교사의 경우 여러 명 학생의 퀴즈 결과값을 엑셀파일로 다운받을 수 있습니다. 엑셀파일은 퀴즈룸 메인 화면에서 채팅창에 '!zep_quizroom_download'라고 입력하면 자동으로 파일이 생성, 다운로드됩니다.

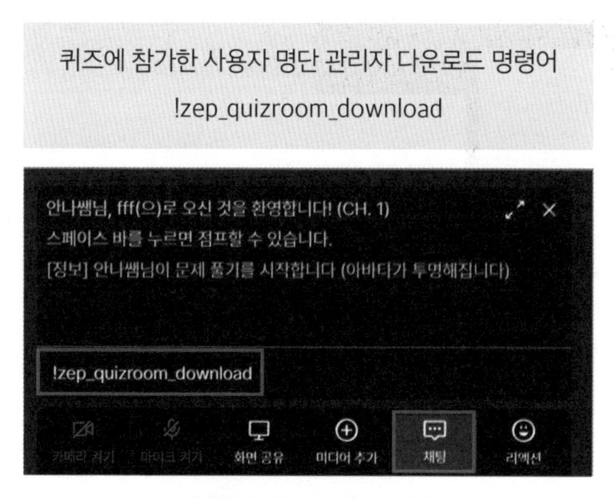

채팅창에 다운로드 명령어 넣기

다운로드한 엑셀파일은 퀴즈에 참가한 사용자의 ID, 닉네임, 성적, 퀴즈 참여 시간과 접속 날짜가 기록되어 있기 때문에 전체 학생의 퀴즈 정보를 손쉽게 확인할 수 있다는 장점이 있습니다.

date	hashID	name	score	playTime
2022-10-28 15:27	b0kYG2	안나쌤	3/10	
2022-10-28 15:59	b0kYG2	안나쌤	0	
2022-10-29 7:17	b0kYG2	안나쌤	6/10	518s
2022-10-29 7:23	b0kYG2	안나쌤	6/10	873s
2022-10-29 7:26	b0kYG2	안나쌤	4/10	188s
2022-10-29 7:31	b0kYG2	안나쌤	4/10	506s
2022-10-29 7:45	b0kYG2	안나쌤	6/10	

퀴즈 결과값 엑셀파일 예시

만약 수행평가 등에서 젭 퀴즈룸을 활용하고 싶다면, 학생들끼리 답을 공유하는 것을 방지하기 위해 맵에서 몇 가지 추가 기능을 설정할 수 있습니다. 맵에 접속한 다음 왼쪽 '설정' 탭에서 '맵 설정'에 들어

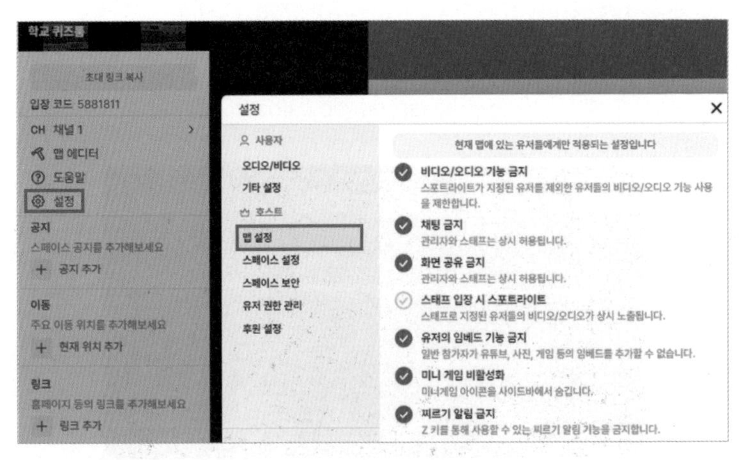

[설정] - [맵 설정]에서 비디오, 오디오, 채팅, 화면공유, 임베드 기능, 찌르기 알림 등 금지하기

간 다음 비디오, 오디오, 채팅, 화면 공유 등의 기능을 금지해놓으면 됩니다.

여기까지 함께 살펴보았듯 젭의 '학교 퀴즈룸'을 활용해 교과 수업 퀴즈 게임 맵을 만드는 방법은 어렵지 않습니다. 기본 템플릿에서 일부만 변형하여 사용할 수 있기 때문에 처음이라도 어렵지 않게 시도해 볼 수 있을 것입니다.

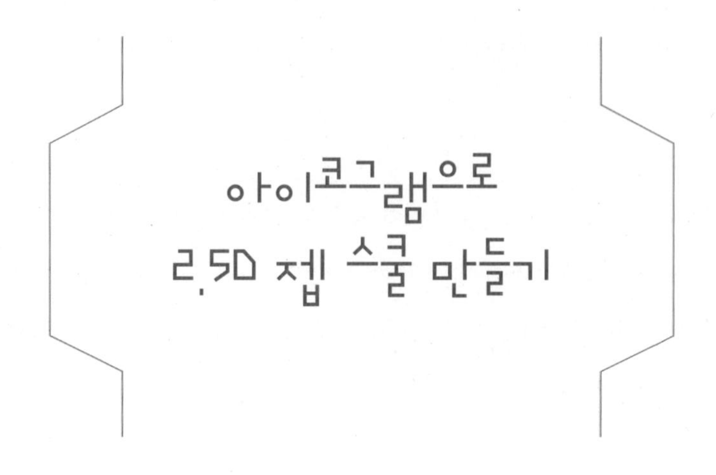

아이코그램으로 2.5D 젭 스쿨 만들기

젭은 2D 그래픽 웹 기반의 메타버스 플랫폼입니다. 2D맵과 도트 캐릭터는 젭의 기본 구성과도 같기 때문에 맵 에디터에서 3차원 그래픽을 직접 구현하기는 쉽지 않습니다. 하지만 젭에서도 3차원 그래픽의 느낌이 나게끔 맵을 구성할 수 있는 방법이 있습니다. 바로 아이소매트릭, 아이코그램을 활용하여 2.5D 그래픽을 제작하여 업로드하는 것입니다.

본문 163쪽 그림은 학교를 콘셉트로 삼은 맵의 모습입니다. 왼쪽은 2D 그래픽이고, 오른쪽은 2.5D 그래픽입니다. 그림으로 보면 확연히 차이가 느껴집니다.

2D 교실 모습(왼쪽), 2.5D 교실 모습(오른쪽), '지금 우리 스쿨은' 맵 일부

젭에서 2.5D 그래픽을 구현할 수 있는 방법이 몇 가지 있습니다.

첫째는 직접 2.5D 느낌으로 그림을 그리는 것입니다. 포토샵, 일러스트레이터, 프로크리에이터 등의 디지털 드로잉 프로그램으로 그린 그림을 맵의 배경 이미지로 사용하는 방법입니다. 둘째는 아이코그램 같은 웹페이지를 이용하여 2.5D 그래픽을 제작하는 방법입니다.

어떤 방법을 사용해도 되지만, 초보자에게 추천하고 싶은 방법은 두 번째 방법입니다. 첫 번째 방법의 경우 개인의 드로잉 능력, 프로그램을 다루는 능력에 따라 결과물의 완성도와 퀄리티의 차이가 큽니다. 하지만 두 번째 방법의 경우 직접 그림을 그리는 방식이 아니기 때문에, 그림 실력과 무관하게 2.5D 그래픽을 만들 수 있습니다. 또한 이미 그려져 있는 오브젝트들을 가져다가 배치하면서 크기, 방향, 색 등을 손쉽게 변경하면서 조합하여 결과물을 만드는 방식이라, 여타 다른 프로그램을 배우는 것보다 훨씬 쉽습니다.

2.5D를 손쉽게! 아이코그램

2.5D 이미지를 만드는 여러 가지 방법 중 아이코그램(Icograms)을 추천하는 가장 큰 이유는 제작이 쉽기 때문입니다. 아이코그램은 쉽고 빠르게 3D 건물, 지도, 인포그래픽 등을 표현할 수 있도록 많은 소스를 제공하는 웹 사이트입니다. 3,000개 이상의 아이콘과 540여 종의 템플릿을 제공하기 때문에 선택의 폭이 넓습니다. 웹을 기반으로 하기 때문에 별도의 프로그램을 다운받아 설치할 필요가 없다는 점 또한 편리합니다. 무엇보다 다양한 템플릿과 그래픽 블록들을 제공하기 때문에 원하는 이미지를 손쉽게 만들 수 있습니다. 아이코그램에서 제공하는 이미지는 벡터 형식의 그래픽입니다. 벡터 형식의 그래픽은 웹용과 인쇄용으로 모두 사용할 수 있다는 장점이 있습니다.

아래 이미지는 아이코그램에서 학교(School)를 검색했을 때 나온 건물입니다.

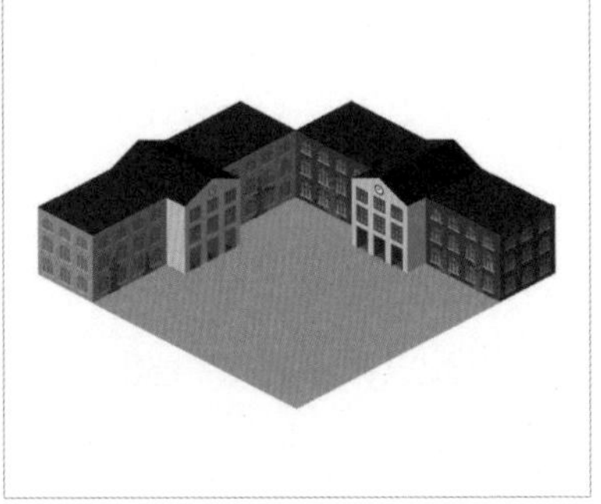

아이코그램 school 검색

건물 모양을 클릭하기만 하면 바로 해당 건물이 생성되며, 건물 각 부분의 색상 또한 다양하게 변경할 수 있습니다. 이처럼 클릭해서 블록을 삽입하고, 위치를 조정하고, 색상을 변경하는 것은 전문적인 기술이 필요하지 않으며 매우 쉽습니다. 누구나 쉽게 다룰 수 있는 2.5D 제작 도구! 아이코그램이 많은 사람에게 사랑받는 이유입니다.

아이코그램에서 본격적으로 2.5D 그래픽을 제작하기 전에 미리 알아둘 것이 있습니다. 바로 젭 공간을 구성하는 각 타일들의 크기입니다. 게더타운과 마찬가지로 젭은 가로, 세로 한 칸에 32px짜리 정사각형 타일이 모여 가상의 공간을 구성하고 있습니다. 젭에서 아바타가 앞으로 한 칸 이동했다면, 한 칸의 타일 크기인 32px만큼 이동한 것입니다.

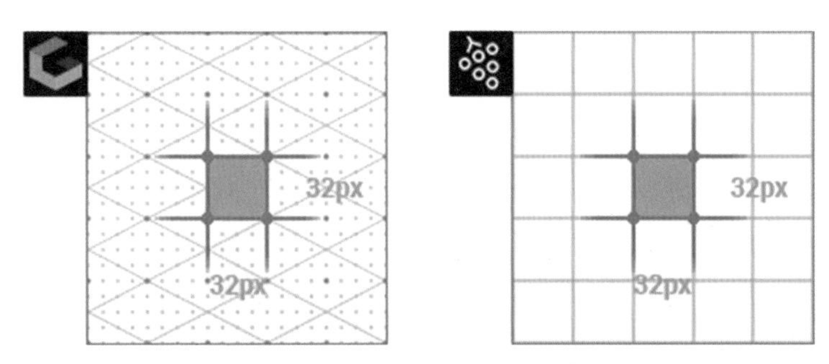

아이코그램(왼쪽)과 게더타운(오른쪽) 격자 크기
출처: 아이코그램 홈페이지

그런데 아이코그램에 접속하면 여러분은 일반 정사각형이 아닌 마름모 모양의 격자를 먼저 보게 될 것입니다. 처음 아이코그램 화면을

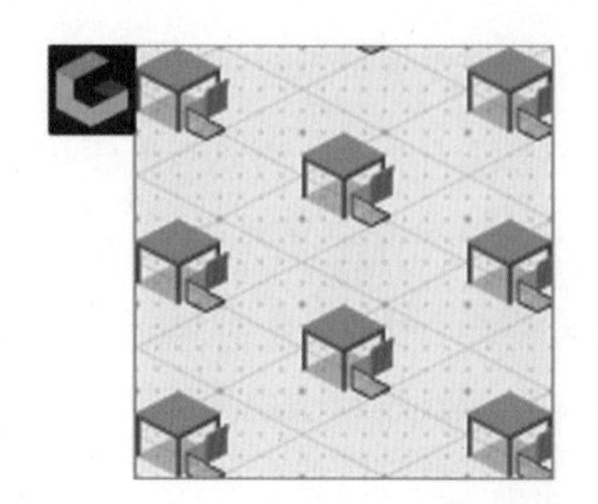

아이코그램 제작 시 여유 공간 구상
출처: 아이코그램 홈페이지

보았을 때 '어? 어떻게 해야 하지?' 하고 멈칫하는 이유도 바로 이 마름모 모양의 격자가 낯설기 때문입니다.

본문 상단 왼쪽에 있는 그림을 보면 알 수 있듯이, 아이코그램은 마름모 모양의 격자로 구성되어 있습니다. 이 마름모 한 칸의 가로 길이는 64px이고 세로는 32px이기에 젭과 다르다고 느낄 수 있지만, 그림을 자세히 보면 마름모 중앙과 마름모 양 끝에 점이 있습니다. 이 점들 사이에 가상의 선을 그려보면 정사각형이 보이게 되는데, 이 정사각형이 젭에서 사용하는 가로, 세로가 32px의 격자와 동일합니다. 위 그림의 좌우 그림을 포개어 보면 금방 이해가 될 것입니다.

따라서 아이코그램에서 작업을 하면서 화면에 보이는 가상의 점들을 참고한다면 여유 공간을 쉽게 계산하여 제작할 수 있습니다. 조금만 연습하는 시간을 갖는다면, 누구나 쉽게 아주 멋진 2.5D의 젭 스쿨을 만들 수 있습니다.

아이코그램 라이선스

아이코그램은 라이선스가 나뉘어 있어, 각 라이선스에 따른 가격이 다릅니다. 기본적으로 사용하는 것은 베이직인데, 무료 사용이 가능하며 최대 8개의 디자인을 소유할 수 있습니다. 다만 작업 후 이미지 하단에 아이코그램의 워터마크가 생성됩니다. 그리고 베이직 버전은 이미지 업로드가 최대 3개까지만 가능합니다. 그 외의 라이선스 옵션들을 자세히 살펴보고 필요한 라이선스를 구입해서 사용해도 됩니다만, 젭 스쿨을 구성하는 데는 베이직만 이용해도 충분할 것입니다.

아이코그램 사용 시 한 가지 유의할 점은 아이코그램의 사용 연령이 만 13세 이상이라는 점입니다. 성인이 사용할 때는 문제가 없으나, 만약 아이코그램에서 학생이 직접 2.5D를 제작하게 한다면 14세 이

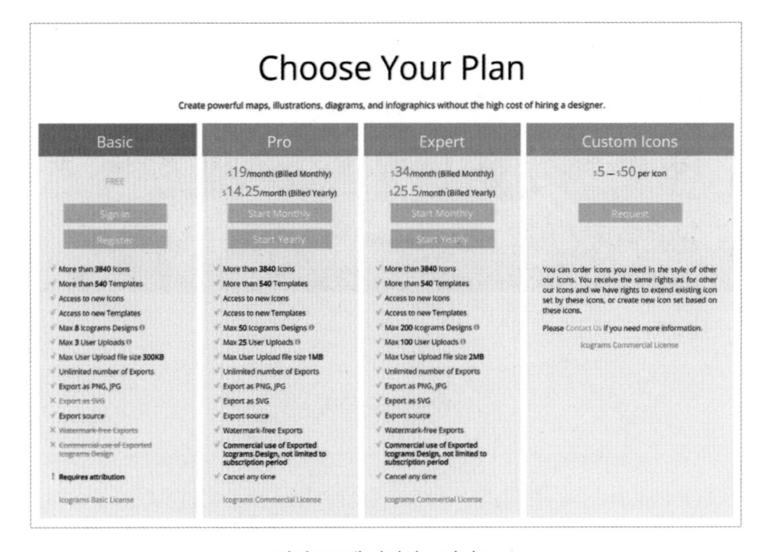

아이코그램 라이선스 가격표

상부터 사용할 수 있도록 지도해야 합니다.

아이코그램에 접속하기 위해서는 검색 사이트에 '아이코그램' 또는 'icograms'을 검색하여 접속하거나 홈페이지 주소(https://icograms.com/)를 입력하여 접속합니다.

본격적인 작업에 앞서 홈페이지 화면 상단의 'REGISTER'를 클릭하여 회원가입을 먼저 하길 바랍니다. 회원가입 뒤 로그인한 상태로 작업하며 저장해야 그동안 작업한 작업물들을 보관할 수 있기 때문입니다. 회원가입 시 요구하는 것은 이름, 아이디로 쓸 이메일 주소, 비밀번호가 전부이니 부담 없이 가입할 수 있습니다. 회원가입 뒤 로그인이 되었다면, 화면 중앙에 있는 'Get Started'를 클릭합니다.

아이코그램 사이트

'Get Started'를 클릭하면 다음과 같이 작업할 수 있는 편집 화면(디자이너 사이트)으로 이동합니다. 편집 화면을 살펴보면 화면 좌측에 '아

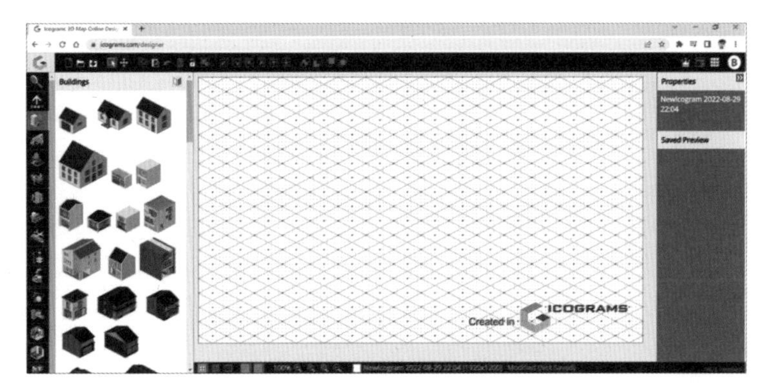

아이코그램 디자이너 사이트(편집 화면)

템(오브젝트) 검색'과 '이미지 업로드' 그리고 다양한 '아이템(오브젝트) 카테고리'들이 있습니다.

화면 상단과 하단에 있는 메뉴 아이콘들은 다음과 같습니다.

아이코그램 상단과 하단 메뉴 아이콘

상단 메뉴에는 아이콘이 전면에 배치되어 있고, 마우스를 아이콘 위에 올리면 영어로 된 설명을 확인할 수 있습니다. 처음 아이코그램을 사용할 때, 자주 사용하는 아이콘들의 기능을 잘 모르기 때문에, 일일이 확인하는 게 조금 번거롭습니다. 번거로움을 줄이기 위하여 상단 메뉴의 아이콘 기능을 한글로 정리하였습니다.

상단 아이콘	기능 설명
	새로운 아이코그램을 생성합니다.
	소스파일을 업로드합니다.
	작업한 파일을 SVG, PNG, JPG로 다운받습니다.
	선택하고 이동하기 기능입니다. (Ctrl+클릭: 아이템별 선택, Shift+드래그: 드래그 영역 내 아이템 모두 선택)
	작업 화면 이동하기 기능입니다. (Space키)
	선택된 아이템을 복사합니다. (Ctrl+C)
	복사한 아이템을 붙여넣기합니다. (Ctrl+V)
	이전 작업으로 되돌리기입니다. (Ctrl+Z)
	선택한 아이템을 삭제하기입니다. (Del, Backspace)
	선택한 아이템을 수정하지 못하도록 잠그거나 잠금해제합니다.
	선택한 아이템들을 그룹화합니다.
	선택한 아이템을 좌측 하단으로 복제합니다.
	선택한 아이템을 우측 하단으로 복제합니다.
	선택한 아이템을 좌측 상단으로 복제합니다.

선택한 아이템을 우측 상단으로 복제합니다.

선택한 아이템을 상단으로 복제합니다.

선택한 아이템을 하단으로 복제합니다.

선택한 아이템을 아이템들 사이에서 맨 뒤로 보냅니다.

선택한 아이템을 아이템들 사이에서 뒤로 보냅니다.

선택한 아이템을 아이템들 사이에서 앞으로 보냅니다.

선택한 아이템을 아이템들 사이에서 맨 앞으로 보냅니다.

아이코그램 요금 정책 안내입니다.

템플릿 사이트로 이동합니다.

내 아이코그램 디자인 작업 목록으로 이동합니다. (로그인한 경우 표시됩니다.)

B 내 계정 관련 설정입니다. 로그아웃을 할 수 있습니다. (로그인한 경우 표시됩니다.)

로그인을 합니다. (로그인하지 않은 경우 디자인 작업 목록 자리에 표시됩니다.)

회원가입을 합니다. (로그인하지 않은 경우 내 계정 관련 설정 자리에 표시됩니다.)

처음에는 표를 보고 필요한 기능을 찾아 사용하면 됩니다. 아이콘이 직관적이기 때문에 몇 번 사용하다 보면 자연스럽게 표를 보지 않고도 기능을 익히게 될 것입니다. 참고로, 아이코그램은 작업을 할 때마다 자동으로 저장되기 때문에 별도의 저장버튼이 없습니다.

다음으로 아이코그램 하단에 위치한 아이콘들의 각 기능입니다.

하단 아이콘	기능 설명
	그리드 단계를 8로 설정합니다. (격자 크기가 가장 큽니다.)
	그리드 단계를 4로 설정합니다. (격자 크기가 8보다 작습니다.)
	그리드 단계를 2로 설정합니다. (격자 크기가 4보다 작습니다.)
	백 그리드 활성화 여부를 설정합니다.
	프론트 그리드 활성화 여부를 설정합니다.
100%	현재 화면의 배율입니다. 숫자가 클수록 확대되어 있습니다.
	화면을 확대합니다. 마우스 휠로 확대가 가능합니다.
	화면 배율이 100%가 되게끔 자동으로 확대 또는 축소합니다.
	워크스페이스 크기에 맞게 자동으로 확대 또는 축소합니다.
	화면을 축소합니다. 마우스 휠로 축소가 가능합니다.
	전경색을 설정합니다.

NewIcogram 2023-04-10 21:51	현재의 작업물의 파일명입니다. 새로운 아이코그램의 경우 파일명이 날짜와 시각으로 이름이 정해집니다. 클릭하면 이름을 수정하고 대지의 크기를 수정할 수 있습니다.
1280×640	현재 워크스페이스 대지의 크기입니다.
Modified(Not Saved)	수정 및 파일이 저장 여부가 표시되는 곳으로 현재는 수정이 되었으나 자동저장이 되지 않은 상태입니다.
Icograms Design Saved	일정시간이 지나 자동저장이 완료되면 노란색 'Not Saved'에서 초록색으로 'Saved' 문구로 변경됩니다.

아이코그램에서 사용하는 아이콘의 기능을 살펴보았다면, 이제 2.5D 그래픽을 만들어볼 차례입니다. 그런데 아무것도 없는 빈 화면에서 새롭게 무언가를 만들어간다는 것은 입문자에게 조금 막막하고, 많은 시간이 소비되는 일입니다. 그래서 우리는 보다 쉬운 방법을 사용할 것입니다. 바로 기존에 작업되어 있는 템플릿을 가져와 나에게 맞게 수정하는 것입니다.

우측 상단에 있는 템플릿 사이트 이동 아이콘()을 클릭하면, 아이코그램에서 제공하는 여러 가지 템플릿을 볼 수 있습니다. 이 템플릿 사이트에서 원하는 템플릿을 찾아 사용할 수 있습니다. 만약 마음에 드는 이미지가 없다면 검색창에 영어로 키워드를 검색하여 최대한 목적에 부합하는 템플릿을 찾아야 합니다. 원하는 템플릿을 찾았다면 해당 템플릿에 마우스 커서를 가져간 뒤 클릭을 하면 불러올 수 있습니다.

내가 선택한 템플릿이 내 의도를 잘 담고 있다면 그대로 사용하면 됩니다. 하지만 그런 경우는 드물 것입니다. 불필요한 아이템이나, 삭

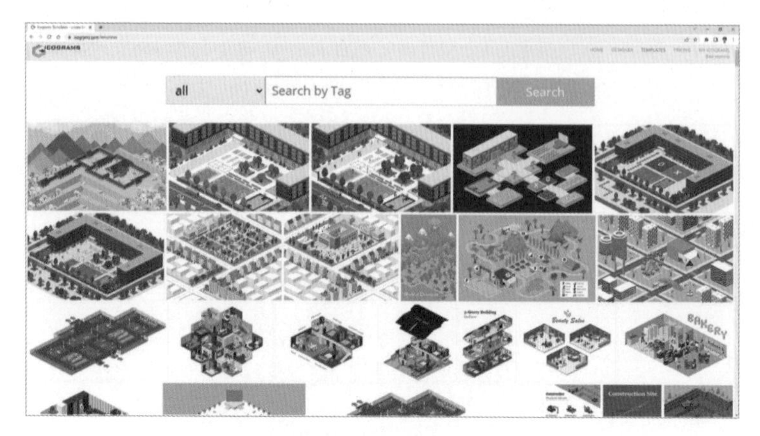

아이코그램 템플릿 사이트

템플릿을 디자이너 사이트로 불러온 모습

제하고 싶은 부분들이 보일 것입니다. '딜리트(Delete)'키를 눌러서 손쉽게 삭제할 수 있습니다. 템플릿에는 없지만 추가하고 싶은 아이템 역시 '카테고리'에서 직접 찾아 추가할 수 있습니다. 추가한 아이템의 위치 또한 변경할 수 있습니다.

이제, 불러온 템플릿을 하나하나 수정해가면서 나만의 2.5D 젭 스쿨을 만들어보겠습니다.

아이템을 수정하기 위해 우선 마우스 커서로 해당 아이템을 클릭하여 선택합니다. 아이템을 클릭하면 점선 테두리가 생성되고, 우측에는 해당 아이템의 '속성(Properties)'창이 나타납니다. 속성창에는 제목, 관련된 주제, 좌우반전, 투명도, 크기 조절, 색상변경 그리고 내가 선택한 아이템과 관련된 다른 아이템들이 있습니다. 아이템을 선택한 다음에 할 수 있는 조작 기능과 선택된 아이템의 속성에 대해 살펴보겠습니다.

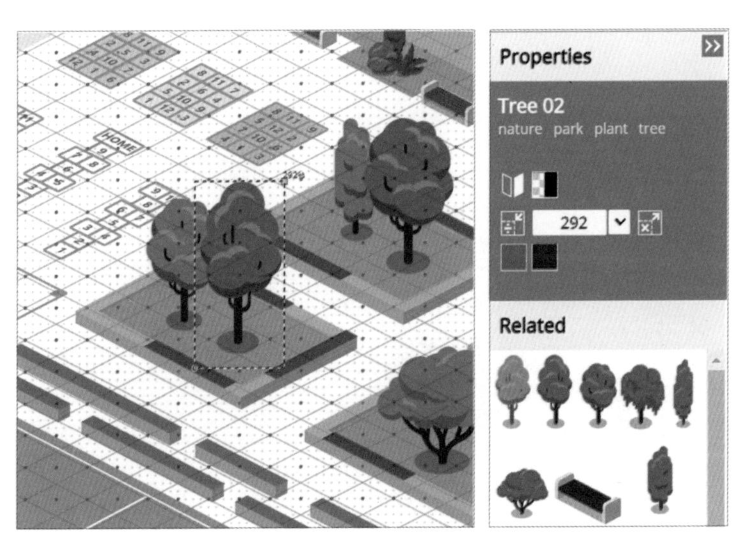

아이템이 선택된 모습 아이템 속성

먼저 우리는 템플릿에 배치되어 있는 다양한 종류의 아이템을 선택하고, 이동하고, 삭제하거나, 크기를 조절할 수 있습니다.

- 선택하기: 마우스 커서로 해당 아이템을 클릭.
- 이동하기: 해당 아이템을 선택 후, 마우스 왼쪽 버튼을 클릭하여 드래그하기.
- 삭제하기: 해당 아이템을 선택 후, 키보드 'Delete' 또는 'Backspace' 키를 누르거나 화면 상단 휴지통 아이콘을 클릭하기.
- 크기 조절하기: 해당 아이템을 선택 후 생성된 점선 테두리 우측 상단 사각형 모양의 회색 점을 드래그하여 크기 조절, 또는 우측 속성창에서 수치를 조정하기.

다음으로 '아이템 속성' 기능을 살펴보겠습니다.

아이템 속성 아이콘	기능 설명
Tree 02 nature park plant tree	아이템 이름과 해당 아이템의 관련 주제입니다. 아래 주제를 클릭하면 같은 주제의 아이템들을 검색할 수 있습니다.
	선택한 아이템을 좌우반전시킵니다.
	선택한 아이템의 투명도를 조절합니다.
÷	선택한 아이템을 현재 사이즈의 50%로 축소시킵니다.
×	선택한 아이템을 현재 사이즈의 200%로 확대시킵니다.

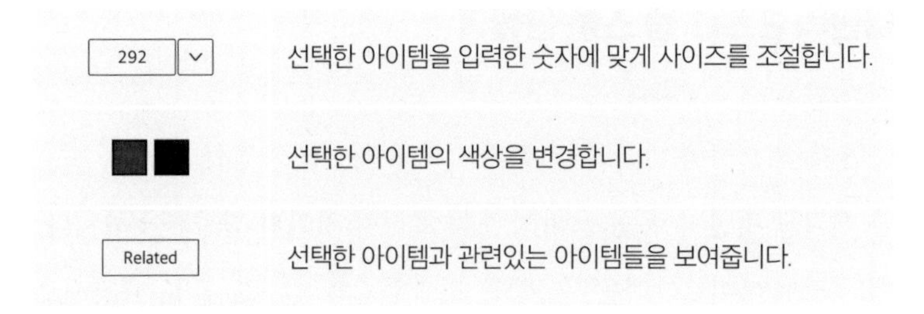

템플릿을 선택하고, 템플릿 안의 아이템을 수정하거나 삭제하고, 새로운 아이템을 추가해보는 등 여러 가지 기능들을 테스트해보세요. 원하는 만큼 수정을 했다는 생각이 든다면 이 이미지를 다운받을 수 있습니다. 화면 상단에 있는 다운로드 아이콘(■)을 클릭하면 SVG, PNG, JPG, JSON의 다양한 형식으로 이미지를 다운받을 수 있습니다.

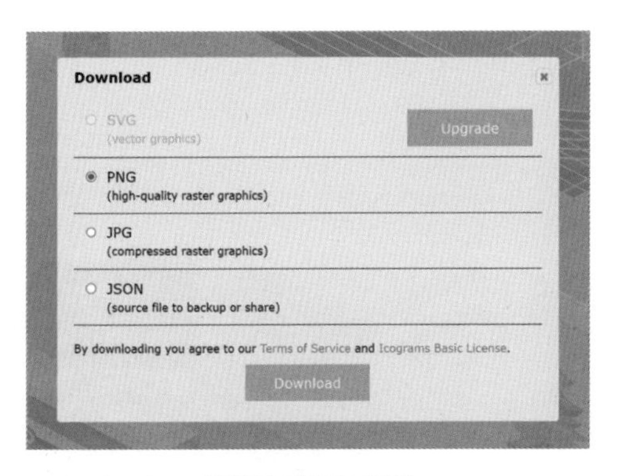

PNG로 다운로드하기

젭의 맵 에디터에 업로드하기 위해서는 PNG 또는 JPG를 선택하면 됩니다. 젭에 업로드하는 방법은 뒤에서 자세히 다루도록 하겠습니다.

나만의 2.5D 젭 스쿨 만들기

나만의 젭 스쿨을 만들기 전에 내가 학교 외부를 제작할 것인지, 내부를 제작할 것인지 또는 두 가지 모두 제작할 것인지 결정해야 합니다. 어느 정도 아이코그램을 사용하는 것에 익숙해졌다면, 둘 다 제작해보는 것도 좋겠지만, 입문 단계에서는 하나만 선택해서 해보는 것을 추천합니다. 이번 장에서는 학교 외부의 모습을 만들어보겠습니다. 한 번만 따라해보면 어느새 아이코그램에 익숙해진 나를 발견할 수 있을 것입니다. 자, 순서대로 진행해볼까요?

먼저 새로운 아이코그램 디자인을 만든 뒤, '템플릿 불러오기'를 클릭합니다. 검색창에서 'school'을 검색하면 다음과 같이 다양한 학교 이미지들이 나오는데, 이 중에서 'Area-School'을 선택하겠습니다.

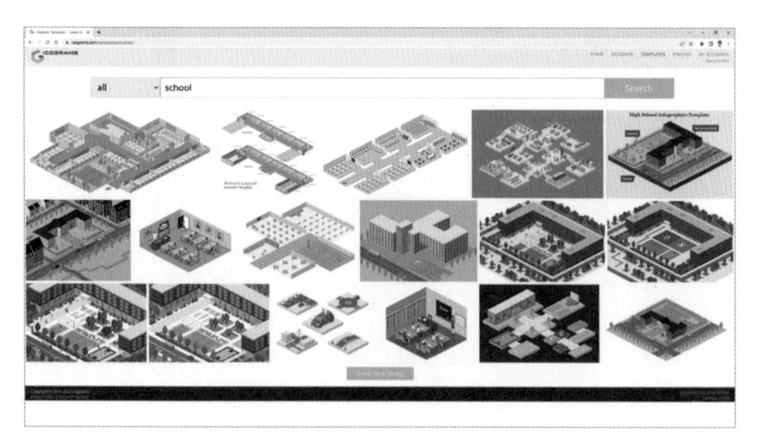

템플릿에서 school로 검색하기

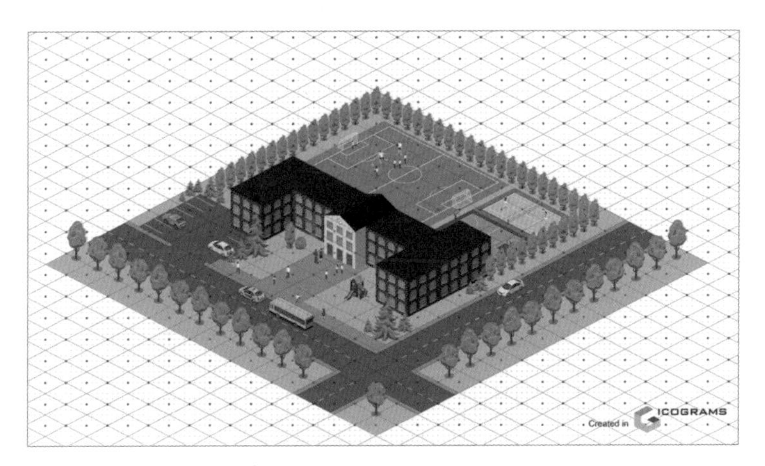

템플릿에서 Area-School 불러오기

편집 화면에서 'Area-School'의 각 점들을 이어보면 학교 이미지가 작다는 것을 느낄 수 있습니다. 점을 이어 만들어지는 정사각형 한 칸에 아바타가 서 있다고 생각하면 어느 정도 크기를 대략적으로나마 가늠할 수 있습니다.

현재 학교 외부의 대지 크기를 격자로 가늠해볼 수 있습니다. 지금은 이미지가 너무 작습니다. 그대로 젭에 업로드한다면 아바타보다 작은 맵이 될 것입니다. 따라서 그림의 크기를 더 크게 만들어야 합니다. 그러기 위해서는 화면 맨 밑 가운데에 있는 흰색 글씨의 파일 이름 부분을 클릭합니다.

Area - School [1120x640]

아이코그램 하단 메뉴에서 파일 이름 부분

그다음 이름을 '젭 스쿨 만들기'와 같이 자신이 원하는 이름으로 변경하고 대지 크기를 기존 크기의 4배인 '4480×2560'으로 변경합니다. 4배는 예시이기 때문에 상황에 맞춰 원하는 사이즈로 크기를 조절해도 됩니다.

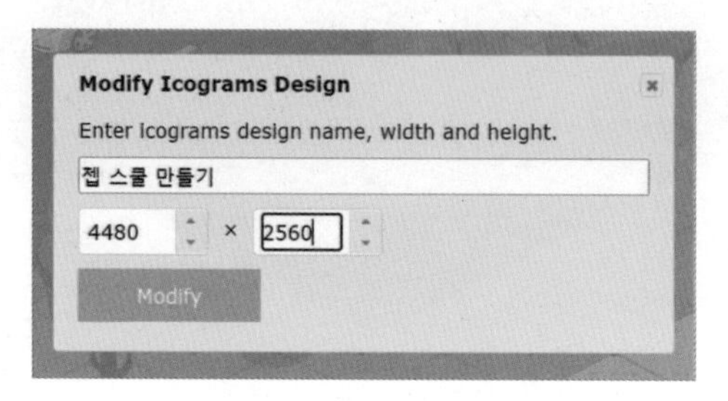

대지 사이즈 변경하기

대지의 사이즈를 조절했다면, 현재 맵상에 배치되어 있는 아이템들의 크기가 상대적으로 더 작게 보일 것입니다. 따라서 아이템들을 확대해서 대지의 크기와 비슷하게 맞추는 작업을 해야 합니다. 마우스를 드래그하여 모든 아이템을 선택한 뒤, 오른쪽 속성창에서 그룹(■)으로 묶습니다.

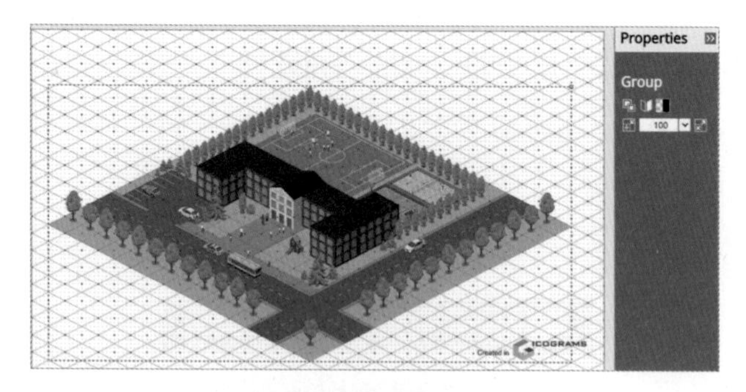

모든 아이템 그룹화하기

그다음 속성창에서 그룹화된 아이템 이미지의 현재 사이즈를 늘리겠습니다. 앞에서 대지 크기를 기존 대지 크기에 비해 4배 더 크게 조정했으니 마찬가지로 그룹화된 아이템 이미지들 또한 4배가량 더 크게 만들어보겠습니다.

그룹화한 아이템 400% 확대하기

크기를 변경하니 대지와 이미지 크기는 적당하나 다음과 같이 이미지가 대지에서 벗어나 잘리는 부분이 발생합니다.

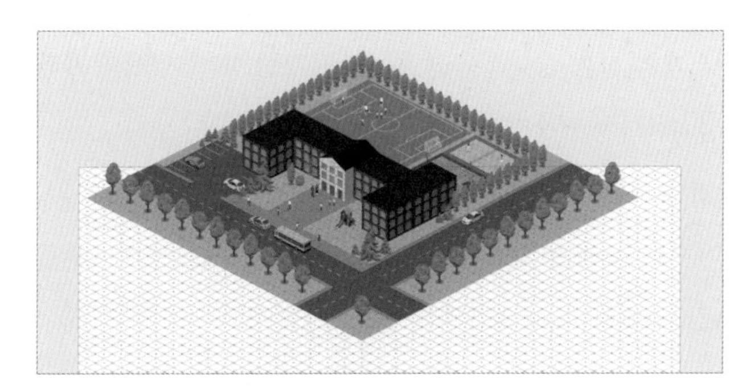

확대된 대지에서 벗어나 있는 이미지

잘리는 부분이 없도록 전체를 선택한 다음, 마우스 왼쪽 버튼을 누른 상태로 아래로 드래그합니다. 드래그하면서 그룹화된 아이템과 마름모의 격자가 거의 일치하도록 위치를 조정하도록 합니다.

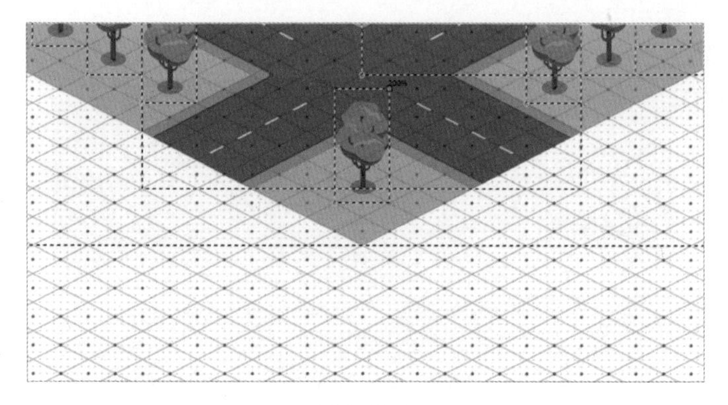

격자 맞추기

여기까지 순서대로 잘 따라왔다면 젭에 업로드했을 때, 이미지 크기에 어색함이 없을 것입니다. 하지만 혼자 새롭게 작업하다 보면 크기가 알맞지 않은 경우가 종종 발생할 수 있습니다. 앞에서 언급한 것처럼 네 개의 점을 연결해서 생기는 정사각형 한 칸이 젭의 캐릭터 크기와 일치한다는 점을 기억해서 맵 크기를 조정하면 됩니다.

크기를 조정하고 격자의 위치를 맞췄으므로 그룹화했던 아이템 그룹을 이제 그룹 해제합니다. 그룹을 해제해야 불필요한 아이템들을 개별적으로 삭제하고, 필요한 아이템을 추가하거나 아이템의 위치를 조정할 수 있습니다. 참고로 그룹 단축키는 [Ctrl]+[G], 그룹 해제의 단축키는 [Ctrl]+[Shift]+[G]입니다.

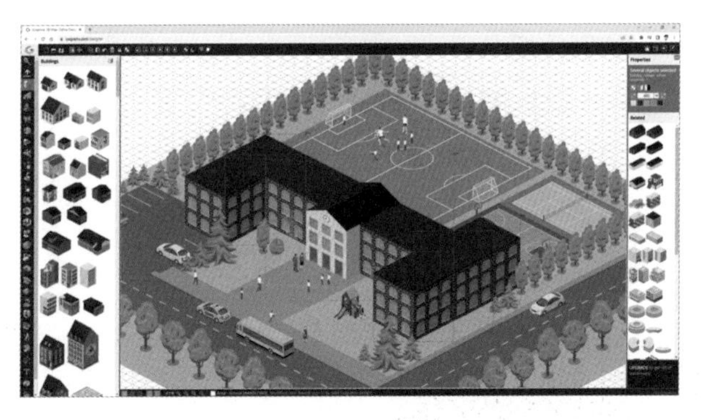

그룹 해제가 된 아이템

우선 불필요한 아이템들부터 삭제해보겠습니다. 수많은 아이템 중 가장 먼저 삭제해야 하는 것은 사람 아이콘입니다. 사람 아이콘이 남아 있다면 나중에 젭에서 이질감이 들기 때문에 삭제를 하는 것이 좋습니다. 삭제하는 방법은 아이템을 마우스로 클릭하여 선택한 뒤, 상단 휴지통 아이콘(🗑)을 클릭하거나 'Delete' 또는 'Backspace' 키를 눌러 삭제합니다. 마찬가지로 저는 학교 건물 뒤에 있는 축구장, 테니스장, 농구장도 모두 삭제하겠습니다.

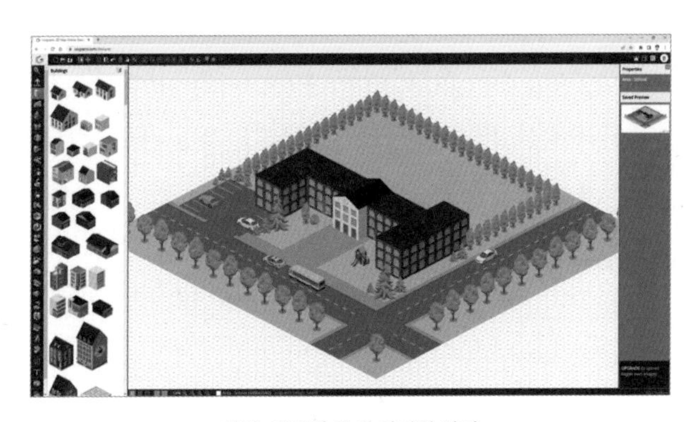

사람, 축구장 등의 아이템 삭제

이번에는 학교 건물 색상을 변경해보겠습니다. 우선 학교 건물 아이템을 모두 선택합니다. 드래그해서 선택하면 건물 외 다른 아이템들도 한꺼번에 선택이 되므로 'Ctrl' 키를 누른 채로 마우스 왼쪽 버튼으로 하나하나 클릭해서 선택하도록 합니다.

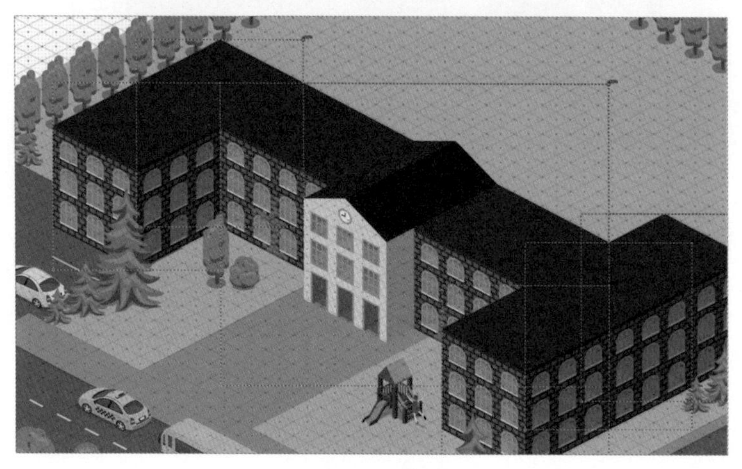

건물 아이템 선택하기

속성창을 보면 5가지의 색상 파레트가 보입니다. 이는 각각 건물 외벽, 창틀과 벽돌, 창문, 지붕의 색이 표시된 것입니다. 5가지 색상 칸을 각각 클릭하여 색상을 변경할 수 있습니다. 색상 칸을 클릭하면 '〉〉' 버튼이 있는데 이 버튼을 클릭하면 색상의 명도와 채도를 보다 미세하게 조절할 수 있습니다.

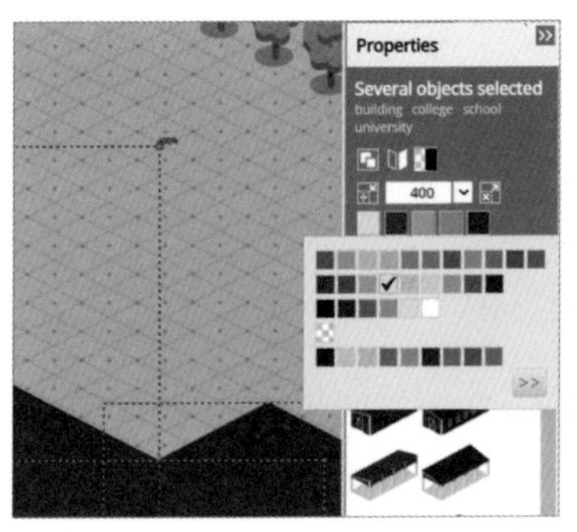

기본 색상

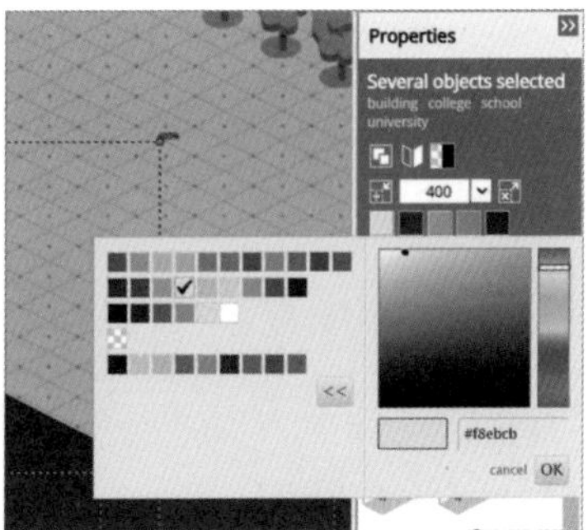

색상 자세히 보기

실수로 마우스로 다른 곳을 클릭하면, 선택한 것들이 모두 풀려버리게 됩니다. 그렇게 되면 아이템들을 다시 선택해야 하는데 실수할 때마다 매번 일일이 다시 선택하는 것이 매우 번거로운 일이 아닐 수 없습니다. 이런 경우에는 아이템들을 선택한 후 그룹으로 묶은 다음에 색상을 변경할 수도 있습니다.

그룹화한 뒤 색상 변경하기

학교의 구조와 배치를 생각해보면, 보통 교문에 들어서면 운동장이 있고 운동장을 지나 학교 건물이 있습니다. 그래서 건물의 위치를 조정해보도록 하겠습니다. 학교 건물을 모두 선택하여 그룹화(Ctrl+G)한 다음, 위치를 이동하겠습니다. 이동할 때 학교 건물과 같은 중요한 아이템은 마름모 격자 눈금에 외곽라인을 정확히 맞추는 것이 좋습니다. 마우스로 맞추는 것이 어렵다면 키보드 방향키를 이용합니다. 만일 마우스나 방향키로도 정확히 맞추기 어렵다면 최대한 비슷하게만 맞추도록 합니다.

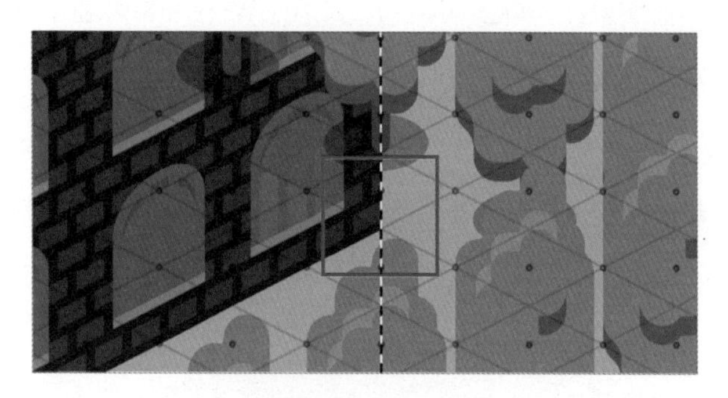

아이템과 격자 눈금 맞추기

그룹으로 묶거나 또는 이동하면 본문 187쪽 상단 왼쪽 그림처럼 건물 위에 다른 아이템들이 올라가는 경우를 종종 볼 수 있습니다.

이런 경우에는 아이템들 간의 순서 배열을 조정해주면 됩니다. 건물 아이템을 선택한 뒤 상단 메뉴 중 '선택한 아이템 앞으로 보내기' 아이콘(■)을 클릭합니다. 앞으로 보내기 적용 후 배치가 자연스러워졌습니다. 바닥이 전체적으로 초록색이라 어색함을 느낄 수도 있을 텐데

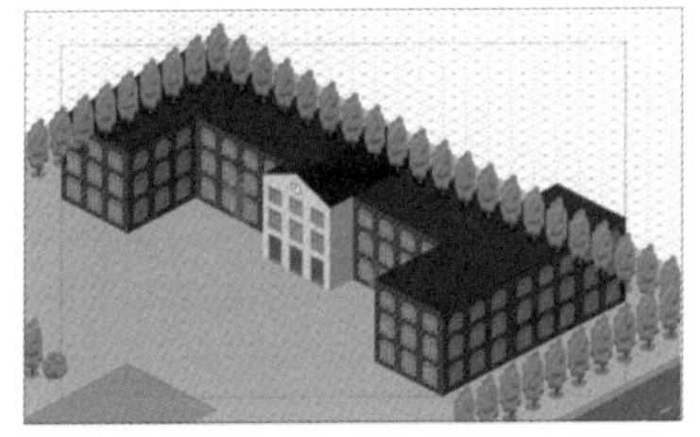

배치 순서가 어긋난 경우

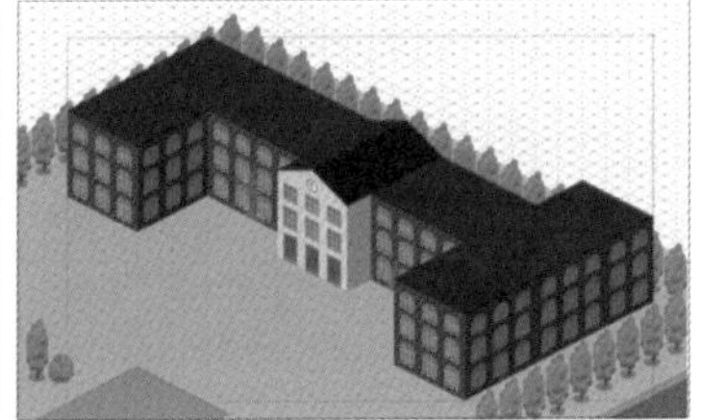

앞으로 보내기 적용 후

이런 경우에는 아이템 검색에 들어가서 'Background'로 검색하면 배경으로 쓸 수 있는 아이템들이 나열됩니다. 여기서 골라 크기와 위치를 조정해서 필요한 곳에 추가해주도록 합니다.

다음으로 학교 건물 앞에 운동장을 만들어보겠습니다. 운동장에 축구장과 트랙 정도만 추가해보겠습니다. 아이템 카테고리 중 네 번째에 있는 'Sports'를 클릭합니다. 'Sports'에 들어가보면 'Arena'에 트랙과 축구경기장이 있습니다.

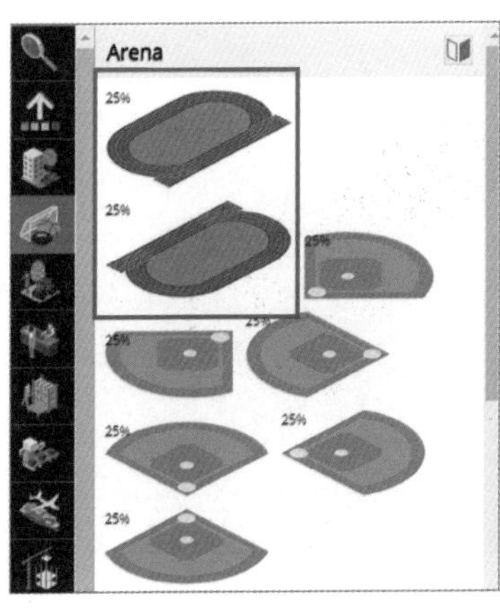

경기장 트랙

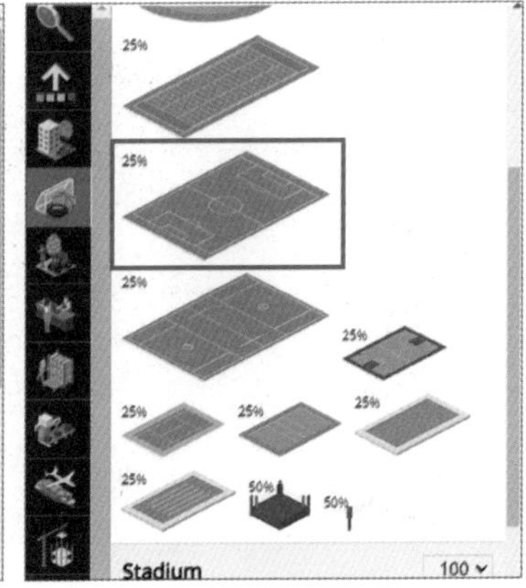

축구경기장

우선 트랙을 클릭 추가하여 학교 앞으로 이동시켜보겠습니다. 추가한 트랙은 크기와 방향이 맞지 않으므로 좌우반전을 클릭한 뒤 아이템 크기를 조절합니다. 크기 조절은 속성창에서도 수치를 입력해서 할 수 있지만 여기서는 아이템을 선택하면 생기는 점선 테두리의 우측 상단 점을 클릭하여 마우스 드래그로 크기를 조정하도록 하겠습니다.

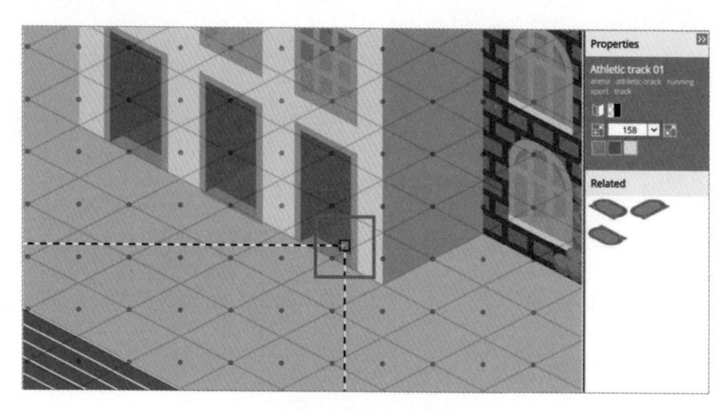

아이템 크기 조절하기

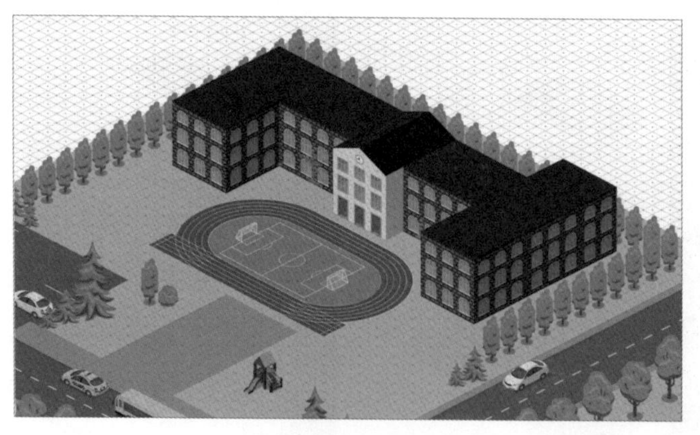

트랙, 축구경기장 추가하기

적당한 크기가 맞춰졌다면 위치를 조정하도록 합니다. 조정이 다 되었다면 축구경기장을 클릭하여 추가합니다. 앞에서 트랙의 크기와 위치를 조정한 것처럼 축구경기장은 다음과 같이 트랙 안에 들어갈 수 있도록 조정합니다. 마지막으로 'Sports'의 'Furniture' 항목에 축구 골대가 있는데 추가해서 축구경기장 양쪽에 크기와 위치를 조정해서 마무리하도록 합니다.

마지막으로 학교에 울타리를 설치해보겠습니다. 검색창에 'Fence'를 검색하면 추가할 수 있는 울타리들이 표시됩니다. 울타리(Fence)를 검색했을 때 나오는 여러 아이템 중 적절한 것을 선택합니다. 이때 울

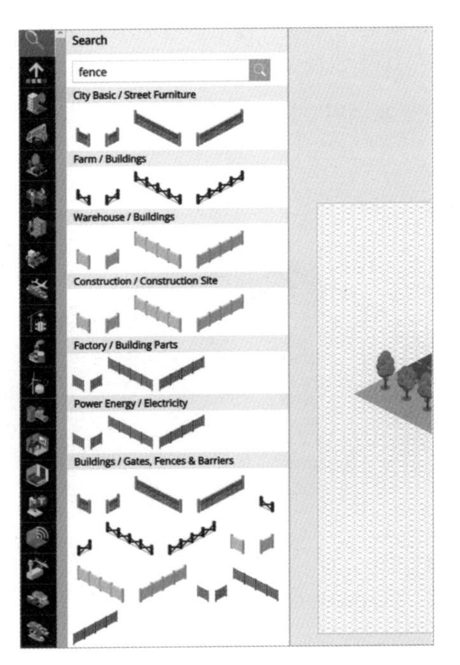

울타리 아이템

타리의 크기가 맞지 않는 경우가 있습니다. 예시에서는 아이템들을 기존 크기에서 4배 크게 했으므로, 울타리도 4배 크게 크기를 조정합니다. 앞에서 설명한 것처럼 크기를 조정하기 위해서는 속성창에서 숫자를 조정하거나 마우스 드래그로 크기를 조정할 수 있지만, 정확하게 4배를 키우기 위해선 속성에서 숫자 400을 입력하여 4배 크게 조정해 보도록 합니다. 4배 크게 만든 울타리가 너무 커서 어울리지 않는다면 속성에서 400의 수치를 낮추거나 작다면 400의 수치를 높여 울타리의 크기를 조정하도록 합니다. 수치 단위는 100 내지 50단위로 낮춰가며 조정하는 것을 권장합니다.

필요한 경우 좌우반전을 하며 학교 전체를 둘러싸게끔 합니다. 울타리와 오브젝트 간의 배치 순서가 어긋나거나 겹치는 것들은 '앞으로 보내기' 혹은 '뒤로 보내기' 기능으로 순서를 재배열하도록 합니다.

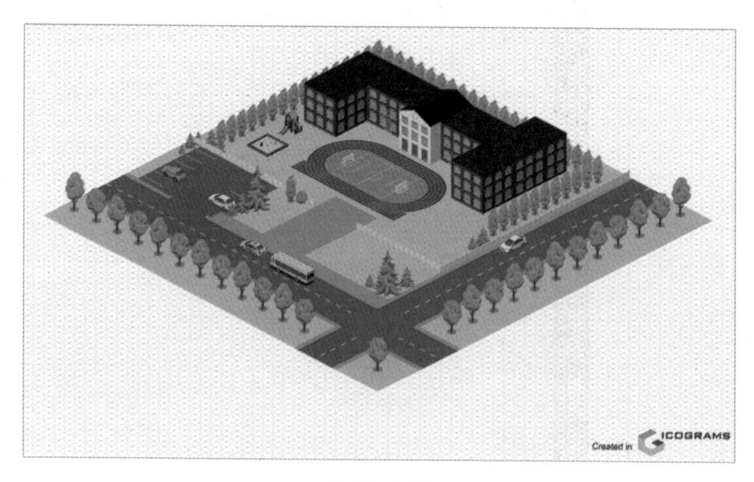

완성된 이미지

이 외에도 더 추가하고 싶은 것이 있다면 아이템 검색을 통해 추가하면서 이미지를 완성해가면 됩니다.

완성된 작업물을 다운로드할 때는 PNG 파일로 다운로드하는 게 좋습니다. 완성된 이미지를 다운받았다면, 이제 젭(https://zep.us/)에 접속해서 맵에 업로드해보겠습니다.

기존 공간에 작업 이미지를 추가하는 경우 해당 스페이스로 접속한 뒤 맵에디터로 이동합니다. 새로운 스페이스에 아이코그램으로 만든 작업물을 탑재한다면 '스페이스 만들기' 버튼을 클릭한 뒤 '빈 맵에서 시작하기'를 클릭합니다.

우리는 새로운 스페이스에 아이코그램 작업물을 적용해야 하니, '스페이스 만들기' 클릭 후 '빈 맵에서 시작하기'를 클릭합니다. 새로 만드는 스페이스 이름과 비밀번호는 임의로 설정합니다.

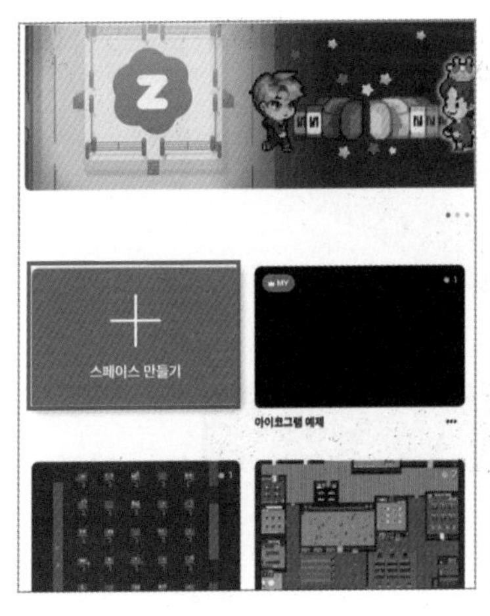

스페이스 만들기

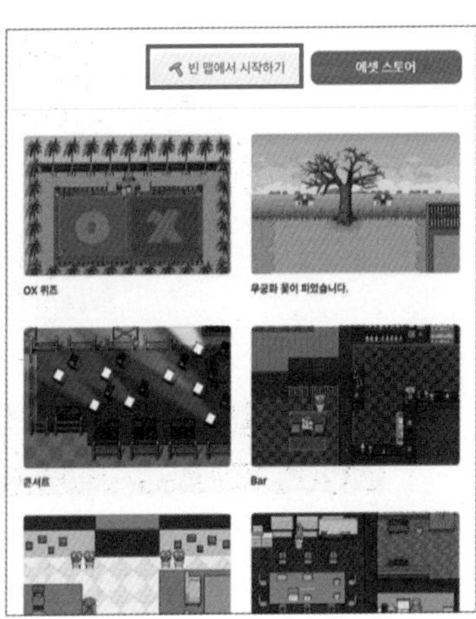

빈 맵에서 시작하기

배경화면 설정하기　　　　　　　　이미지 열기

맵 에디터로 이동하였다면 우측 '배경화면 설정하기'를 클릭합니다. 그다음 아이코그램에서 다운받은 PNG 파일을 선택 후 '열기' 버튼을 클릭합니다. '열기' 버튼을 클릭하면 맵 에디터 중앙에 아이코그램에서 작업한 이미지가 보이게 됩니다.

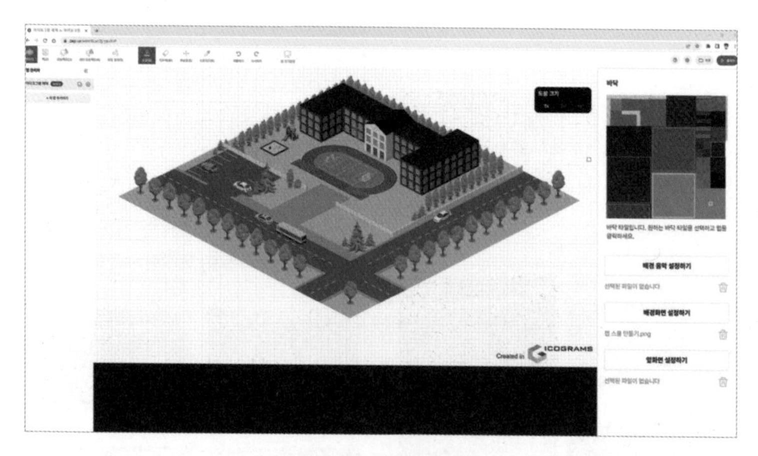

젭에 배경으로 삽입된 모습

이미지를 삽입했다면 타일 효과를 적용해보겠습니다.

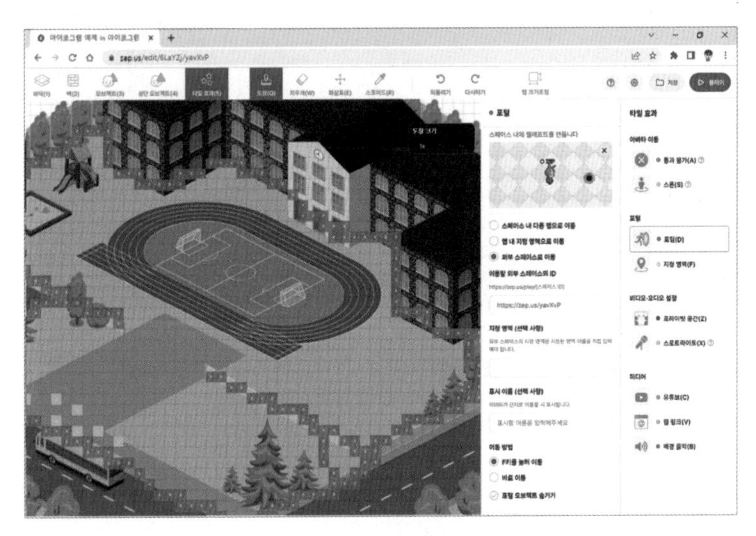

타일 효과 삽입하기

타일 효과에서 '통과 불가(A)', '스폰(S)', '포털(D)' 이 세 가지를 이용합니다. '통과 불가'는 학생들의 아바타가 다른 곳으로 가지 못하도록 막아주고, '스폰'으로 학생들의 처음 시작 지점을 설정해주며, '포털'로 다른 공간으로 이동할 수 있게끔 설정해주도록 합니다. 포털을 설정할 때 '포털 오브젝트 숨기기'에 체크를 하면 보다 더 자연스러워 보일 것입니다.

설정이 다 되었다면 반드시 미리 플레이해보면서 잘못 설정한 부분은 없는지 꼼꼼이 확인하도록 합니다.

최종 점검하기

이번 장에서는 아이코그램을 이용해서 젭 스쿨을 만드는 방법을 살펴보았습니다. 아이코그램은 다루기 쉽기 때문에 몇 번 연습하다 보면 금방 적응해서 각자의 스타일에 맞는 젭 스쿨을 쉽게 만들 수 있을 것입니다.

제4부

실전!
젭 크리에이터 되기

크리에이터란 무언가를 새롭게 창작하는 사람을 말합니다. 아무나 되기 어려우면서, 누구라도 될 수 있는 젭 크리에이터! 젭은 크리에이터를 위한 특별한 기능들을 서비스합니다. 이름만 들어도 설레는 크리에이터가 되고 싶다면, 4부에서 그 힌트들을 얻을 수 있을 것입니다.

크리에이터 첫걸음, 에셋 스토어

젭이 짧은 기간 동안 동일한 형식의 웹 기반 2D 메타버스 플랫폼인 게더타운을 넘어서 많은 사용자를 확보할 수 있었던 것은 바로 에셋 스토어를 통한 창작 생태계를 구축했기 때문입니다. '에셋 스토어'는 크리에이터가 직접 제작한 맵, 오브젝트, 앱, 미니 게임을 등록하고 판매

젭 에셋 스토어

할 수 있는 마켓 플레이스입니다. 즉 젭에서는 누구나 자신의 창작물을 에셋 스토어에 업로드하고, 크리에이터로 발돋움할 수 있습니다.

젭은 주기적으로 메타버스 젭 맵 공모전을 개최함으로써 에셋 스토어를 활성화시키고, 젭 크리에이터를 양성하기 위해 노력하고 있습니다.

2022년에 개최한 다양한 젭 공모전

특히 젭 공모전이 열릴 때마다 매회 약 1,000만 원의 상금이 있었고, 당선작은 에셋 스토어에 맵, 오브젝트 등으로 무료 공개하는 정책을 사용하여 에셋 스토어의 활성화를 꾀하는 모습이 눈에 띕니다. 에셋 스토어에 접속하면 공모전에서 수상한 에셋 외에도 기업이나 개인이 업로드한 다양한 에셋들을 볼 수 있습니다. 현재는 많은 에셋들이 무료로 업로드되어 있고, 서서히 유료 에셋들이 등장하는 중이기 때문에, 크리에이터에 도전한다면 비교적 초창기인 지금 시도하는 것을 추천합니다.

한편 젭에서 사용되는 화폐는 젬(ZEM)입니다. 현재 국내 기준 1,000원으로 10젬을 충전할 수 있기 때문에, 1젬에 100원 꼴인 셈이지요. 사

젬 충전하기

용자들은 이 젬을 구입해서 마음에 드는 에셋들을 구매할 수 있습니다(단 젬의 가격은 국가, 구매 기기, 플랫폼에 따라 다를 수 있습니다).

크리에이터 입장에서는 사람들이 자신이 업로드한 에셋을 구입했을 때, 수익을 창출할 수 있으며, 젭으로부터 정산받을 수 있습니다. 정산의 경우 아직 업데이트 중이기 때문에 추후 변동될 가능성이 있지만, 젭에서 공개한 내용을 살펴보면 다음과 같습니다.

수익금 출금

수익금은 최소 1,000젬(ZEM)부터 출금 가능합니다. 출금 시에는 젭 플랫폼 이용 수수료와 세금 원천징수액을 제외한 금액이 지급 정보 등록을 마친 크리에이터의 계좌로 지급됩니다.

이때 지급 정보등록이란 정산을 받기 위해 업로드해야 하는 정보를 말합니다. 국내 개인 크리에이터 기준으로 이름, 국가, 가입 이메일(변경 불가), 전화번호, 주민등록번호, 은행계좌번호, 통장사본, 주민등록증 사본이 필요합니다. 만약 미성년자 크리에이터가 수익금을 출금할 경우에는 주민등록번호가 표시된 주민등록등본으로 주민등록증을 대체할 수 있습니다.

수익창출 수수료

현재 젭에서 수익을 창출할 수 있는 방법은 세 가지입니다. 첫째, 에셋(맵과 오브젝트)을 판매하는 것, 둘째, 미니 게임과 앱을 판매하는 것, 셋째, 사용자들의 후원을 받는 것입니다.

맵, 오브젝트, 미니 게임, 앱은 모두 젭 플랫폼 정산 수수료 30%가 부과됩니다.

후원은 스페이스 내에서 다른 사용자들로부터 젬을 후원받는 것을 말하는데, 스페이스 소유자는 후원 수수료로 취득한 젬, 젬 도어(ZEM Door)를 통해 후원받은 젬을 정산하여 수익화할 수 있습니다. 후원 역시 젭 플랫폼 정산 수수료는 30%입니다. 단, 토큰 후원의 경우에는 후원 시 젭 플랫폼 수수료 5%가 발생합니다.

미리 알고 있어야 할 점은 사용자가 젬을 구입하는 가격과 크리에이터가 젬을 정산받을 때 차이가 존재한다는 점입니다. 정산 시에는 사용자가 젭을 구매하는 가격에서 부가세를 뺀 공급가액을 기준으로 1젬당 88원에서 젭 플랫폼 수수료와 세금을 원천징수합니다.

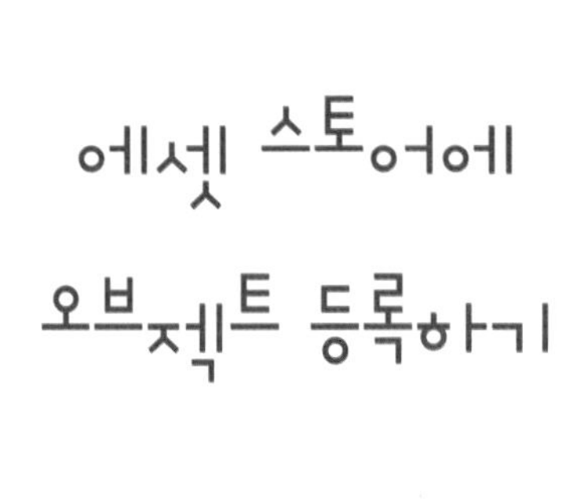

에셋 스토어에 오브젝트 등록하기

그럼 이번에는 에셋 스토어에 오브젝트를 등록해볼까요? 오브젝트를 등록하는 방법은 어렵지 않습니다. 먼저 젭 홈페이지에 로그인한 다음 우측 상단 [에셋 업로드] - [에셋 등록하기]에서 '오브젝트 세트 업로드'를 클릭합니다.

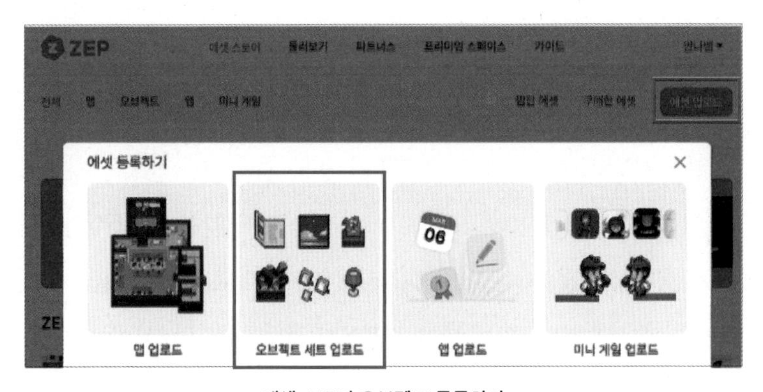

에셋 스토어 오브젝트 등록하기

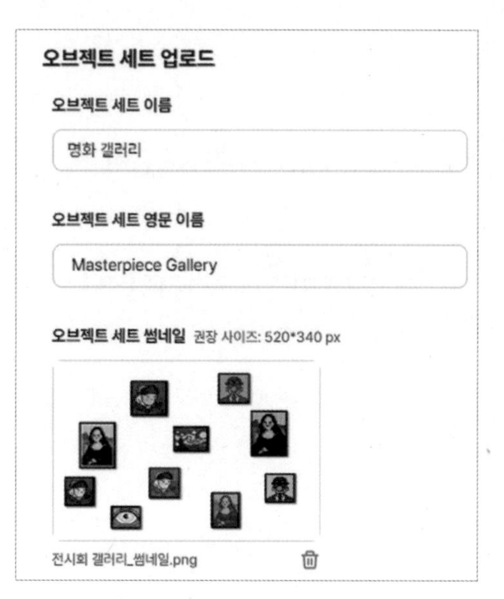

오브젝트 세트 업로드 설정하기

'오브젝트 세트 업로드'를 클릭하면 오브젝트 세트의 이름과 영문 이름을 입력하고 썸네일을 등록해야 하는 창이 뜹니다.

이때 '오브젝트 세트 썸네일'은 실제 업로드되는 오브젝트를 포함한 이미지를 사용해야 하며, 520×340px 사이즈를 권장합니다. 이후 오브젝트 세트를 소개하는 문구를 작성해야 합니다. 문구는 특정 양식이 없기 때문에, 자유롭게 작성하면 됩니다.

저는 '명화 갤러리(Masterpiece Gallery)'를 등록할 때 소개글을 다음과 같이 작성하였습니다. "명화 갤러리 오브젝트 set입니다. 갤러리를 전시할 때 사용할 수 있는 명화 픽셀아트 작품으로 구성했어요. 고흐의 〈자화상〉과 〈별이 빛나는 밤에〉, 마그리트 〈인간의 아들〉, 〈잘못된 거울〉, 레오나르도 다빈치 〈모나리자〉 총 5종의 명화입니다. 5종의 픽셀아트와 추가로 색채를 변형한 작품을 함께 업로드하였습니다.

[사이즈] 고흐의 작품: 〈자화상〉_128×128px, 〈별이 빛나는 밤에〉_144×128px, 마그리트의 작품: 〈인간의 아들〉_128×128px, 〈잘못된 거울〉_160×128px, 레오나르도 다빈치의 작품: 〈모나리자〉_96×128px 사이즈로 제작하였습니다."

오브젝트 세트 소개글을 작성하였다면 가격을 설정하고, 오브젝트 세트가 될 이미지를 업로드해야 합니다. 가격은 무료 또는 유료로 업로드할 수 있으며, 유료의 경우 1젬부터 설정 가능합니다.

'오브젝트 추가'를 클릭하여 오브젝트 세트를 업로드할 수 있으며, 이때 이미지 파일은 PNG 형식으로 업로드해야 합니다. 이때 개별 오

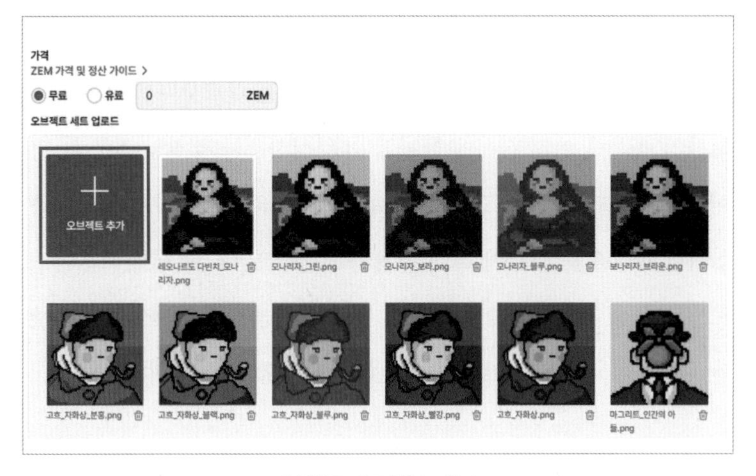

오브젝트 세트 업로드하기

브젝트 파일은 400KB 이하, 세트 오브젝트 파일은 10MB 이하로만 업로드가 가능하며, 각 이미지의 파일명이 동일하면 안 됩니다. 참고로 젭에서 타일 한 개의 크기는 32×32px입니다.

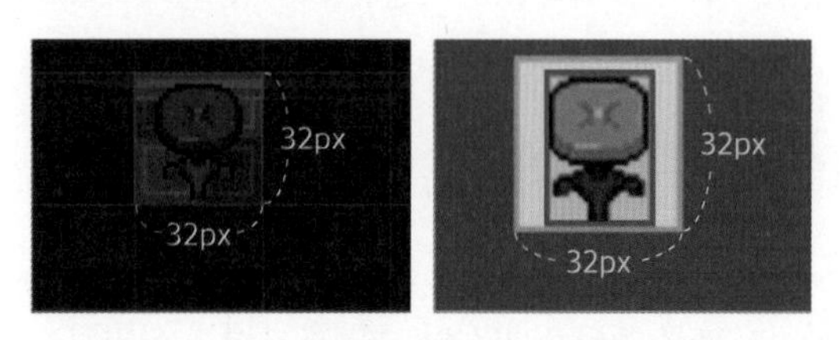

젭의 타일 크기

만약 오브젝트를 타일 한 개의 정중앙에 위치하게 하고 싶다면 위 사진의 연두색 네모처럼 좌우에 여백의 공간을 두고 오브젝트를 제작해야 합니다. 오브젝트의 크기를 지정할 때는 16px의 배수인 16×32, 32×48, 64×96 등으로 제작하면 됩니다. 이때 60×65 또는 70×80px과 같이 16px의 배수가 아닌 이미지는 지양해야 합니다.

'가격'을 설정하고 '오브젝트 세트 업로드'를 완료했다면 보라색 '등록하기' 버튼을 눌러 심사에 들어갑니다. 심사에는 영업일 기준 2~3일이 소요되는데, 에셋 스토어에 업로드하는 크리에이터가 많아질 경우 심사에 소요되는 시간이 더 길어질 수도 있습니다. 내가 업로드한 오브젝트가 잘 저장되었는지, 심사에 잘 들어갔는지는 홈페이지 우측 상단 [내 계정] - [에셋 관리자]를 클릭하면 확인할 수 있습니다.

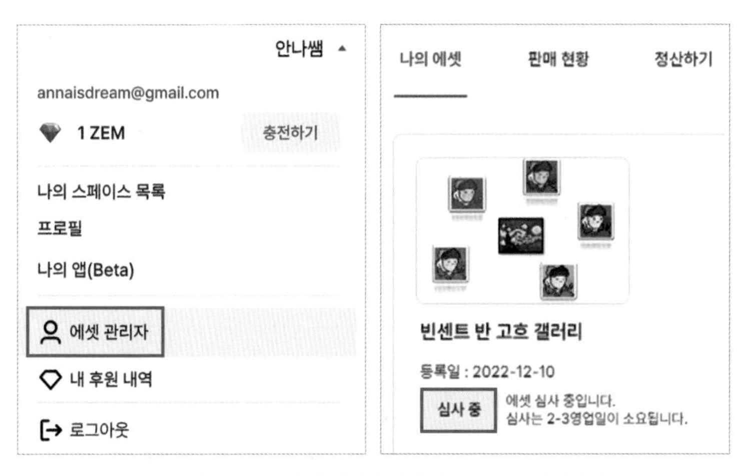

[프로필] - [에셋 관리자] - [나의 에셋]에서 '심사 중' 확인하기

이후 심사가 완료되었을 때도 동일하게 '에셋 관리자'에서 결과를 확인할 수 있습니다. 아래 이미지에서 왼쪽이 심사 통과, 오른쪽이 승인 거절되었을 때의 모습입니다.

심사 합격 - 판매 중　　　　심사 불합격 - 승인 거절

저는 처음에 고흐와 마그리트의 작품을 각기 별도의 갤러리로 에셋 스토어에 업로드했는데, 오브젝트 개수 부족 사유로 승인 거절되었습니다.

오브젝트 승인 거절 예시

에셋 스토어에 오브젝트 세트를 등록하려면 최소 5개의 오브젝트를 업로드해야 심사가 진행되기 때문입니다. 오브젝트 업로드 가이드에도 개수에 대한 내용이 적혀 있지 않았기 때문에, 시행착오를 거쳤던 것이지요. 여러분들은 제 사례를 통해 시행착오를 줄일 수 있으니 오히려 다행입니다.

추가로 유의해야 할 점이 있습니다. 승인 거절되었던 '르네 마그리트 갤러리' 오브젝트 세트를 살펴보면 아래 그림과 같이 '구성'에서 오

승인 거절된 '르네 마그리트 갤러리'

브젝트 개수가 8개로 표시되어 있습니다. 그렇다면 '승인 거절' 사유의 '5개 이상의 오브젝트'라는 기준에 대해서도 꼼꼼히 살펴봐야겠지요.

'르네 마그리트 갤러리'에 포함시켰던 오브젝트를 살펴보면, 얼굴에 사과가 그려진 〈인간의 아들〉과 눈이 그려진 〈잘못된 거울〉의 픽셀 아트 작품이 있습니다. 〈인간의 아들〉은 서로 색이 다른 4개의 PNG 파일을, 〈잘못된 거울〉은 3개의 파일로 구성하였습니다. 하지만 실제 심사에서는 '오브젝트 개수 부족' 결과가 나왔습니다. 즉 형태가 동일하고 색만 변형된 경우에, 동일한 형태의 이미지는 색이 다르더라도 1개의 오브젝트로 판단한다는 것을 알 수 있습니다.

에셋 등록하기에 자동으로 기록되는 '구성'의 오브젝트 개수는 사

승인된 에셋 스토어의 '명화 갤러리'

용자가 업로드한 이미지의 총 개수를 말합니다. 따라서 스스로 업로드하는 오브젝트의 개수를 꼭 확인하고, 5개 이상 서로 다른 이미지의 오브젝트를 업로드해야 한다는 것을 기억해야 합니다. 저는 심사 결과 확인 후, 각각 등록했던 '고흐 갤러리'와 '마그리트 갤러리'의 오브젝트를 하나로 합치고, 추가로 '모나리자 픽셀 아트'를 제작하여 함께 업로드했습니다. 그 결과 바로 승인되었습니다.

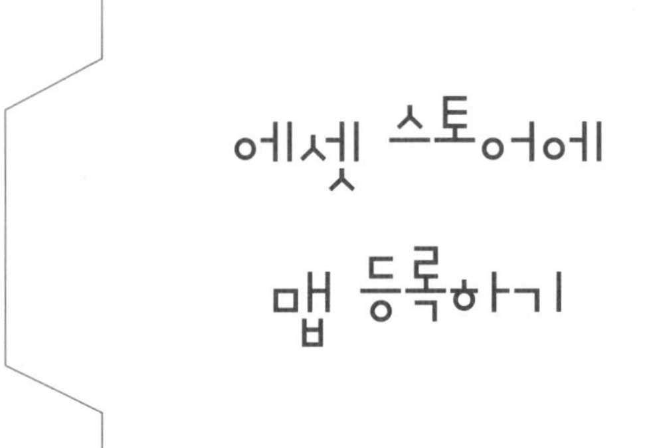

에셋 스토어에 맵 등록하기

이번에는 에셋 스토어에 맵을 등록해볼까요?

에셋 스토어에 '오브젝트'를 등록하는 것과 '맵'을 등록하는 것은 각각 별개이기 때문에, 반드시 같이할 필요는 없습니다. 원하는 하나만 등록해도 됩니다. 개인적으로는 오브젝트보다 맵을 등록하는 것이 조금 더 번거롭고 손이 많이 갔습니다. 등록 절차는 비슷하나 맵을 제작하는 데 꽤 많은 시간이 소요되기 때문입니다. 맵을 제작하는 방법은 여러 가지가 있을 수 있습니다.

첫째, 젭에서 제공하는 맵을 변형해서 만드는 방법, 둘째, 드로잉 프로그램을 사용해서 내가 그린 그림(또는 사진)을 배경화면으로 설정해서 만드는 방법, 셋째, 아이코그램 같은 웹이나 프로그램을 사용하여 이미지를 만들고 배경화면으로 설정하는 방법입니다. 첫 번째 방법은 앞에서도 관련 내용을 다루었기 때문에 여기서는 두 번째와 세 번째 방법에 대해 잠깐 이야기를 해보려고 합니다.

사실 그림 그리는 걸 좋아하는 사람이라면, 드로잉 프로그램을 사용해서 내가 그린 그림을 배경화면으로 설정하고, 그 안에 오브젝트를 배치하여 맵을 만드는 것은 그리 어렵지 않습니다. 예를 들어 아래 그림은 메타버스 일러스트레이션 페어(vol.2 'Beach House')에 참여한 작가들의 맵입니다. 한눈에 봐도 맵에서 작가들의 작업 스타일과 개성이 돋보입니다.

메타버스 일러스트레이션 페어, 텍잇이지 작가의 방(왼쪽), 딩푸 작가의 방(오른쪽)

이러한 맵은 많은 사람이 '맵 자체'를 즐길 수 있게 하는 데 초점이 맞춰져 있습니다. 예를 들어 메타버스 일러스트레이션 페어의 경우, 젭 스페이스 안의 맵은 여러 작가들의 방으로 구성되어 있고, 각각의 방은 작가의 인스타, 유튜브 등 SNS와 작가의 일러스트가 그려진 굿즈를 살 수 있는 판매 페이지로 연동되어 있습니다. 실제 오프라인에서의 일러스트레이션 페어에 방문하는 사람들이 귀여운 일러스트들을 구경하고, 마음에 드는 굿즈를 구입하는 것과 같이 온라인에서도 그것이 가능하게끔 해놓은 것이죠. 이번 장에서는 이러한 유형의 맵을 '맵 자체를 즐기기 위한 목적의 맵'이라고 부르겠습니다.

아래 이미지의 〈북극곰을 도와주세요〉와 〈빨간 망토〉 맵 또한 '맵 자체를 즐기기 위한 목적'으로 에셋 스토어에 업로드된 맵이라고 볼 수 있습니다.

〈북극곰을 도와주세요〉는 탄소 배출로 인한 기후 변화에 대한 퀴즈와 동영상이 배치되어 있는 맵이고, 〈빨간 망토〉는 영어로 빨간 망토의 스토리를 생각하며, 퀴즈를 맞히며 방을 탈출하는 맵입니다. 두 맵 모두 개성이 강하며, 누구나 맵에 들어가서 맵 제작자가 의도한 대로 맵을 즐길 수 있습니다.

한편 에셋 스토어에는 이와는 조금 다른 종류의 맵도 업로드되어 있습니다. 이 유형은 '판매를 위한 보편적 활용이 가능한 맵'입니다. 예를 들어 아래의 〈젭 빌리지〉, 〈젭 개인사무실〉 같은 유형입니다. 이러한 맵의 특징은 맵 에디터를 사용하여 사용자가 직접 해당 맵을 수정

해서 사용할 수 있게끔 만들어진 맵이라는 점입니다.

보통 사람들은 두 가지 목적으로 에셋 스토어를 소비합니다. 첫째는 '다른 사람이 만든 맵을 즐기는' 목적이고, 둘째는 '에셋 스토어의 맵을 복사해서, 내 스타일대로 꾸며서 나만의 맵을 만드는 데 활용'하고자 하는 목적입니다. 에셋 스토어를 활용해서 나만의 맵을 만들고 싶은 사람들은 '보편적 활용이 가능한 맵'을 선택할 확률이 높겠지요.

예를 들어 〈젭 개인사무실〉의 경우 현재 무료이기 때문에 부담 없이 에셋 스토어에서 구매한 다음 내 맵으로 불러와 다음과 같이 오브젝트를 업로드하여 변형할 수 있습니다.

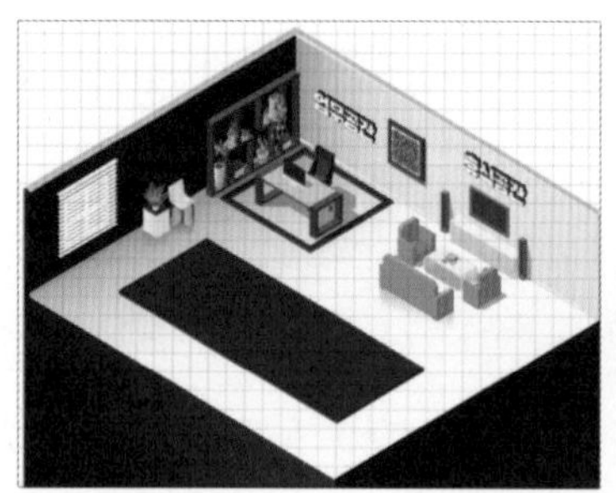

에셋 스토어 〈젭 개인사무실〉(왼쪽)에 내 오브젝트를 업로드해 변형한 모습(오른쪽)

여러분은 어떤 목적을 가지고 맵을 만들고, 에셋 스토어에 업로드하고 싶은가요? 특별한 목적을 가진 나만의 맵을 제작하여 많은 사람과 함께 즐기고 싶은가요? 보편적 활용이 가능한 맵을 만들어, 다른 사람들이 새로운 맵을 만드는 데 유용하게 쓰일 맵을 만들고 싶은가요? 물론 이 두 가지를 병행할 수 있다면 더 좋겠지요. 저는 이번 장에서 두 번째 목적에 조금 더 초점을 맞춰보려고 합니다.

그럼 에셋 스토어에 내 맵을 등록해볼까요? 에셋 스토어에 맵을 등록하기 위해서는 먼저 '스페이스 만들기'를 해야 합니다.

'스페이스 만들기'를 클릭하면 'ZEP 맵' 또는 '구매한 맵'에서 맵을

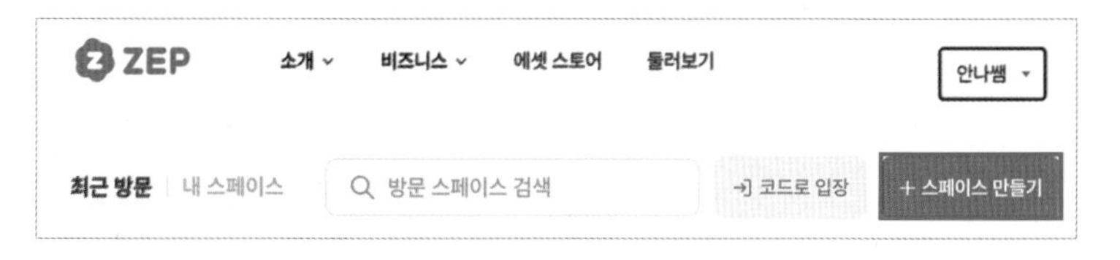

젭 홈페이지에서 스페이스 만들기

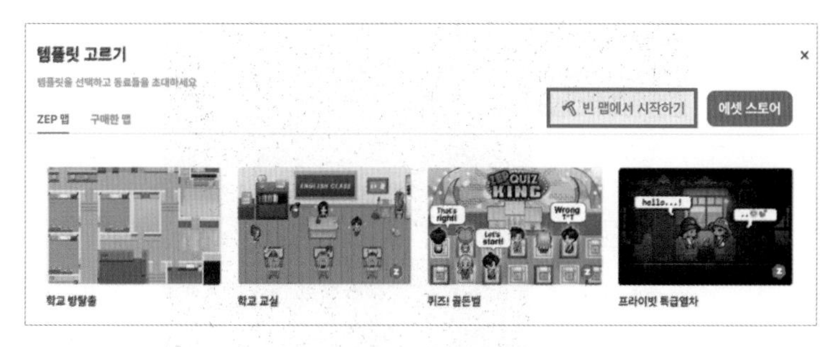

[스페이스 만들기] - [빈 맵에서 시작하기]

선택하거나, '빈 맵에서 시작'할 수 있습니다. 저는 에셋 스토어에 등록할 창의적인 맵을 만들 예정이기 때문에, '빈 맵에서 시작하기'를 선택하였습니다. '빈 맵에서 시작하기'를 누르면 '스페이스 설정' 탭이 뜹니다. 스페이스의 이름을 '명화 갤러리'라고 작성하고, 태그를 '교육'으로 선택했습니다. 스페이스의 이름과 태그를 설정하고 나서 '만들기'를 누르면 스페이스가 만들어집니다.

스페이스 설정하기

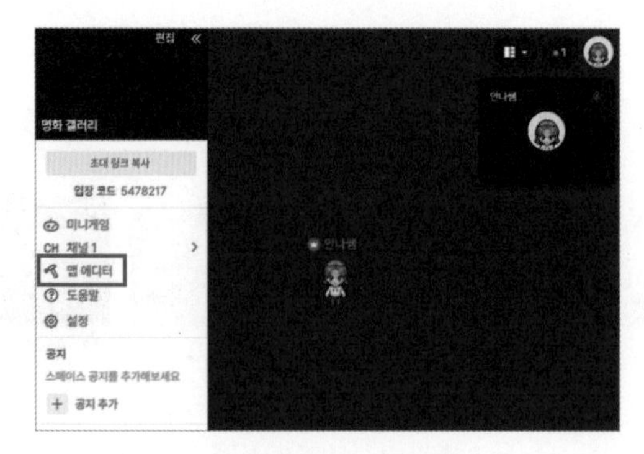

스페이스 만들기 이후 첫 화면

'빈 맵에서 시작하기'를 선택했기 때문에 처음에는 본문 214쪽 하단 그림처럼 검정 화면에 아바타만 보입니다. 왼쪽 탭에서 '맵 에디터'를 선택하여 '배경화면 설정'을 해보겠습니다.

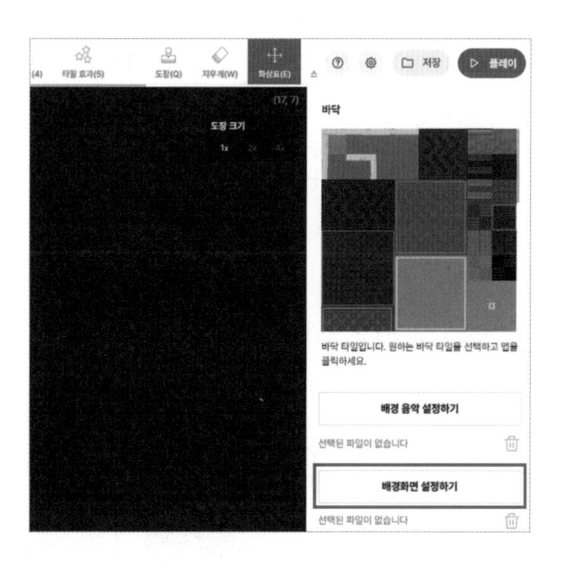

저는 아이코그램으로 다음과 같이 두 개의 맵을 제작하였습니다.

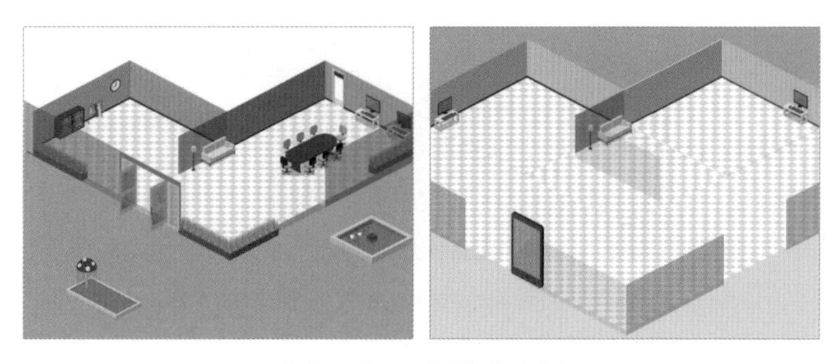

아이코그램으로 제작한 맵 이미지

첫 번째 맵에는 약간의 오브젝트를 삽입하여 이미지로 저장했고, 두 번째 맵에는 최소한의 오브젝트만 배치하여 이미지를 만들었습니다. 그 이유는 누군가 에셋 스토어에서 이 맵을 구매했을 때, 자신의 스타일대로 쉽게 수정할 수 있게 하기 위해서입니다. 아이코그램으로 맵을 제작하는 방법은 앞 장에서 다루었으므로 여기서 자세히 다루지는 않겠습니다. 저처럼 배경화면으로 설정할 이미지가 준비되었다면, [맵 에디터] - [배경화면 설정하기]를 클릭하여 해당 이미지를 업로드합니다.

두 맵의 이미지를 준비했기 때문에, 동일한 방법으로 2층 갤러리도 추가합니다. [맵 관리자] - [새 탭 추가하기]를 선택한 다음 배경화면 설정하기 버튼으로 아이코그램에서 만든 이미지를 업로드하면 됩니다.

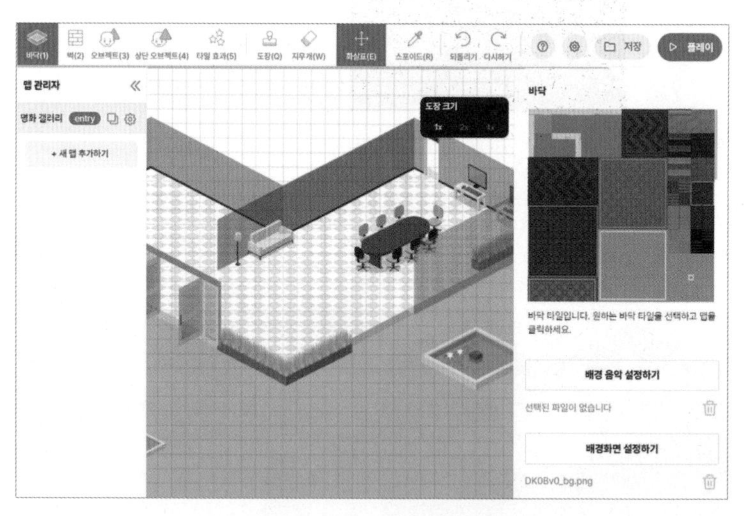

[맵 에디터] - [배경 화면 설정하기]에 이미지를 삽입한 모습

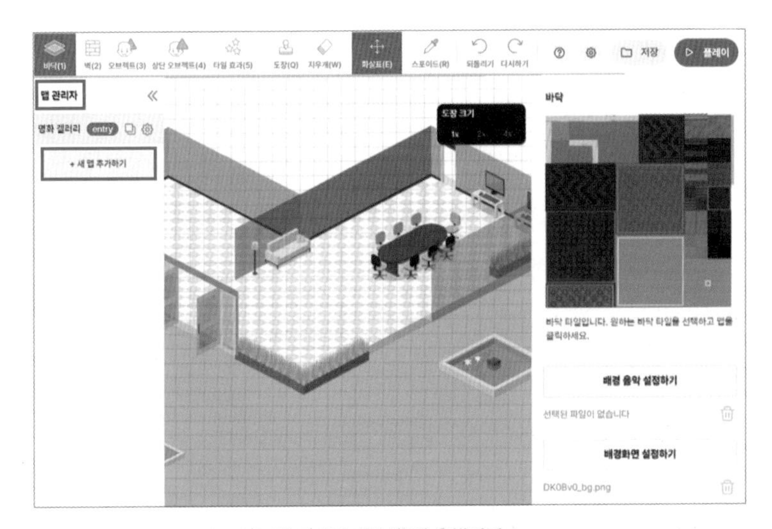

맵 관리자에서 새 맵 추가하기

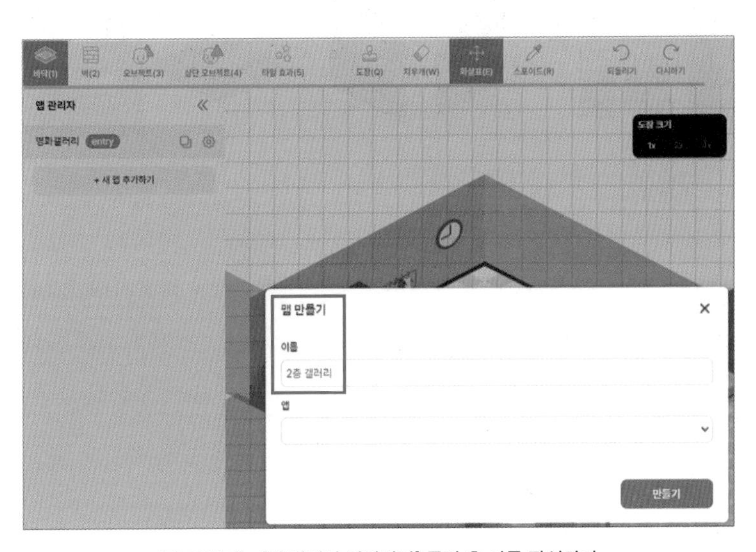

[맵 만들기] - [빈 맵에서 시작하기] 클릭 후 이름 작성하기

그럼 명화 갤러리와 2층 갤러리 총 두 개의 맵이 생성되었습니다.

[맵 에디터] - [바닥]에서 배경 음악 또한 삽입할 수 있으니, 원한다면 '배경 음악 설정하기'에 음원을 업로드할 수 있습니다. 배경화면을 업로드한 다음에는 '오브젝트'를 배치해야 합니다.

'명화 갤러리'의 경우 배경 이미지의 건물 공간을 지그재그 대각선 벽면으로 만들었기 때문에, 벽면의 명화 이미지 또한 대각선 배치가 가능한 오브젝트가 필요합니다. 그래서 저는 아이코그램을 이용해서 직사각형 모양의 오브젝트를 다음과 같이 변형하였습니다.

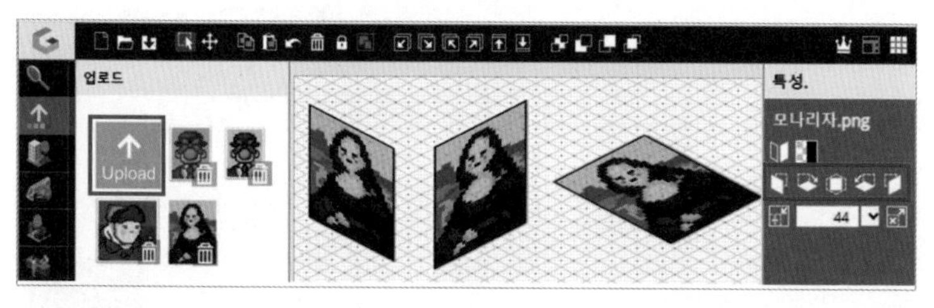

아이코그램 [업로드] - 왼쪽 탭에서 Shear Left, Shear Right, Shear Clockwise로 변형

아이코그램에서 이미지를 원하는 모습으로 변형한 다음, png 파일로 다운받으면 하얀색 배경으로 저장됩니다. 깔끔하게 업로드하기 위해서는 투명 배경으로 업로드를 해야 합니다. 배경을 삭제할 때는 리무브 비지(https://www.remove.bg/ko) 사이트를 이용하여 배경을 제거하였습니다.

리무브 비지는 작은 사이즈의 이미지들의 배경을 삭제할 때 무료로 이용하기에 좋습니다. 만약 파일의 사이즈가 너무 크다면 아이러브

무료 배경 삭제 사이트: 리무브 비지

이미지(https://www.iloveimg.com/ko) 홈페이지에서 사이즈를 조절하는 것도 방법입니다.

이제 이미지가 준비되었다면 젭 맵 에디터 화면으로 돌아와서 [오브젝트] - [나의 오브젝트] - [+추가]에 이미지를 업로드하면 됩니다. 이때 맵 제작에 사용한 오브젝트는 에셋 스토어에 함께 업로드됩니다. 만약 본인이 공유하고 싶지 않은 오브젝트가 존재한다면 '나의 오브젝트'에 추가하지 않아야 합니다. 참고로 저작권에 어긋나는 오브젝트가 포함된 맵은 유료 상품으로 등록이 되지 않지만, 젭 공식 오브젝트는 사용이 가능합니다.

'나의 오브젝트'에 명화 오브젝트를 추가한 다음 [오브젝트] - [도장]으로 원하는 위치를 클릭하면 다음과 같이 벽에 오브젝트를 배치할 수 있습니다.

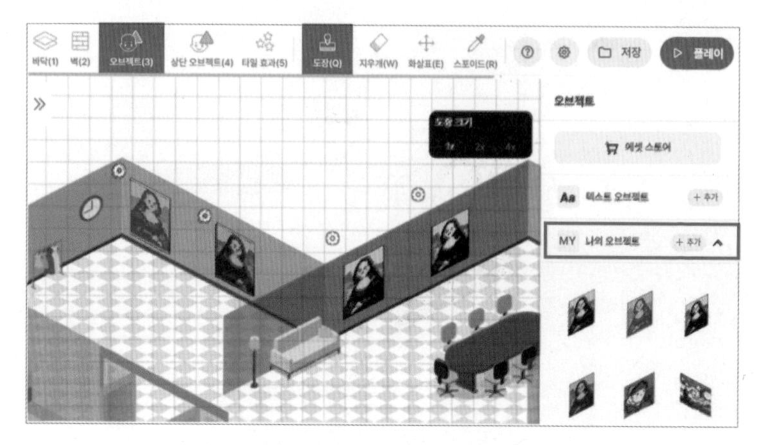

원하는 위치에 오브젝트 배치하기

이번에는 오브젝트에 기능을 추가해보겠습니다. 오브젝트를 삽입하면 오브젝트의 왼쪽에 생기는 톱니바퀴 모양을 더블클릭하여, '오브젝트 설정'을 불러옵니다. 명화 작품이기 때문에 명화를 클릭했을 때, 작가의 이름, 작품의 제목, 사이즈 등 작품에 대한 정보를 함께 볼 수 있게 하고자 합니다. 이때 [오브젝트 설정] - [이미지 팝업]을 선택하여 작품 소개 이미지를 업로드할 수 있습니다.

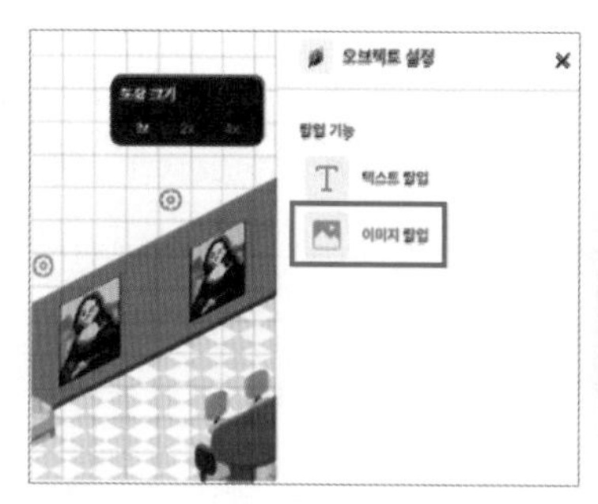

[오브젝트 설정] - [이미지 팝업] 추가하기

이미지 팝업을 추가했을 때의 모습

젭 맵에서 F를 눌렀을 때 보이는 작품 소개 이미지 화면

이번에는 오브젝트에 방탈출 요소를 넣어보겠습니다. 명화 갤러리는 1층과 2층의 두 맵으로 이루어져 있기 때문에, 1층의 문으로 나가서 2층으로 이동해야 합니다. 그래서 1층 모서리의 문에 NPC를 배치하고, 문제를 풀어서 2층으로 이동할 수 있게 설정해보겠습니다.

아래 보이는 이미지에서 파란색과 빨간색의 컴퓨터는 오브젝트가 아니라 '배경화면' 이미지에 그려져 있는 컴퓨터입니다.

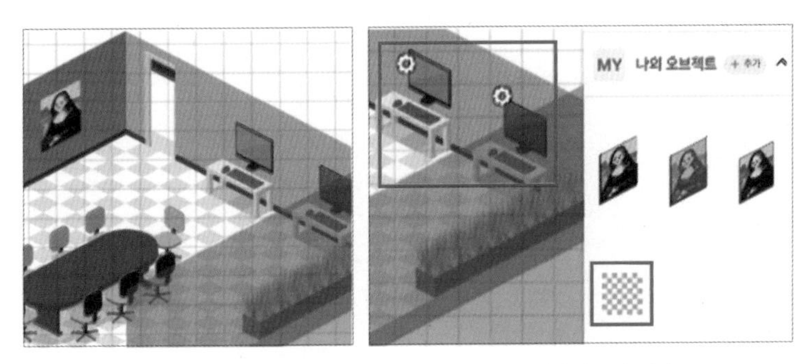

나의 오브젝트 - 모자이크 모양 선택 후 원하는 위치에 도장 찍기

따라서 오브젝트 기능을 추가하기 위해 '나의 오브젝트'의 모자이크 모양을 선택한 다음 원하는 위치에 '도장'을 찍어주어야 합니다. 도장을 찍으면 해당 위치에 톱니바퀴 모양이 생성되며, 톱니바퀴를 클릭하여 기능을 추가해줄 수 있습니다.

저는 '오브젝트 설정'에서 유형으로 '비밀번호 입력 팝업'을 선택하고, 비밀번호 설명으로 '〈별이 빛나는 밤에〉를 그린 작가의 이름은?'을 넣어주었습니다. 정답의 비밀번호는 '고흐'입니다.

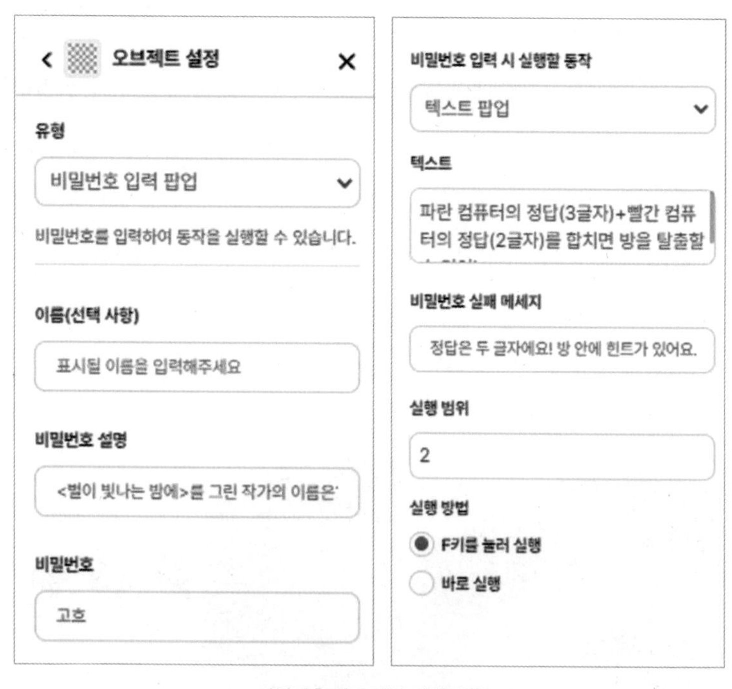

비밀번호 입력 팝업 설정하기

'비밀번호 입력 시 실행할 동작'은 텍스트 팝업으로, 텍스트에는 '파란 컴퓨터의 정답(3글자)+빨간 컴퓨터의 정답(2글자)를 합치면 방을 탈출할 수 있어!'라는 문구를 추가하였습니다.

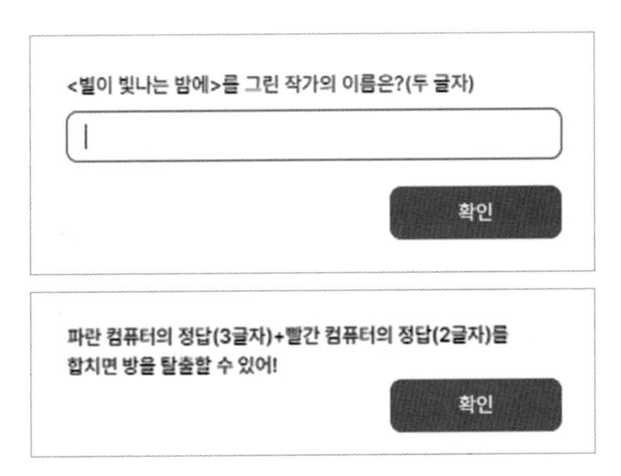

문제 풀기, 정답을 맞췄을때 텍스트 화면

컴퓨터에 문제를 다 출제하였다면, 1층 모서리의 문 앞에 NPC를 세우고 2층으로 이동할 수 있게끔 타일을 설정해주어야 합니다. NPC 역할을 할 오브젝트 이미지는 [오브젝트] - [나의 오브젝트]에서 추가하여 등록합니다.

그다음 NPC의 좌측 상단 톱니바퀴를 더블클릭하여 '오브젝트 설정'을 누른 다음 이번에는 '유형'에서 '비밀번호 입력 팝업'을 선택합니다.

비밀번호 입력 팝업 설정하기

비밀번호 선택에는 '문 밖으로 나가고 싶다면 컴퓨터 속 문제를 모두 풀어봐!(정답 5글자, 다OO고O)'라는 텍스트를, 비밀번호는 '다빈치고흐'를 입력합니다. '비밀번호 입력 시 실행할 동작'으로는 '개인에게만 오브젝트 사라지기'를 선택합니다. 그렇게 설정하면 문제를 푼 사람의 화면만 바뀌고, 다른 사람의 화면은 바뀌지 않습니다.

NPC 오브젝트의 설정을 마쳤다면, 이번에는 NPC 주변으로 타일을 설정해야 합니다. 타일에는 '통과 불가'와 '포털' 타일을 지정해보겠습니다. 본문 225쪽 이미지에서 빨간색 타일은 '통과 불가'가 적용된 것입니다. 맵 에디터 상단의 [타일 효과] - [도장]에서 '통과 불가'를 선택한 다음 NPC 주변의 벽들을 '통과 불가' 타일로 설정해줍니다. 이는 NPC가 사라지기 전까지 사람들의 이동을 막는 역할을 합니다.

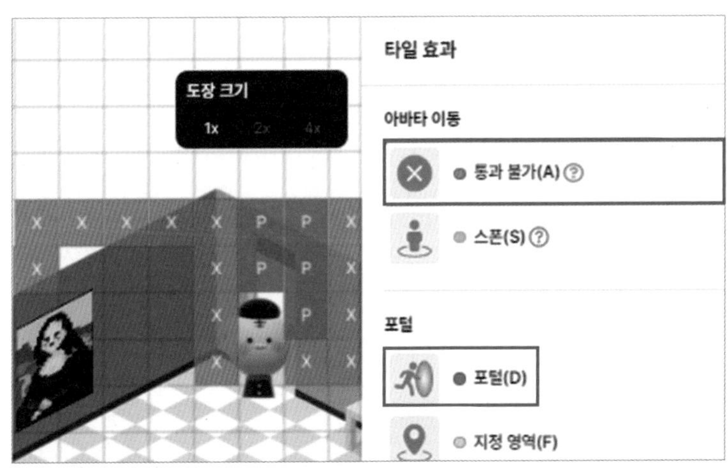

[타일 효과] 설정하기

그리고 NPC가 낸 문제를 맞혔을 때, 2층으로 이동할 수 있게끔 설정하기 위해 다시 [타일 효과] - [포털]을 선택하여, 이번에는 '스페이스 내 다른 맵으로 이동'을 클릭합니다. 이동할 맵은 미리 추가해놓은

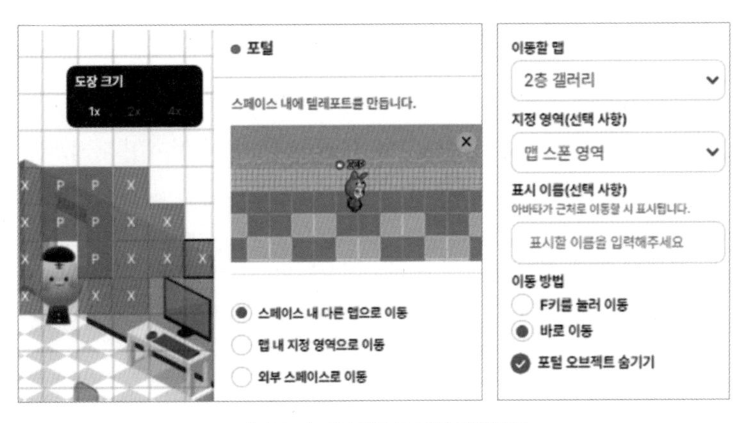

스페이스 내 다른 맵으로 이동 설정하기

'2층 갤러리'를 선택하고, 이동 방법은 '바로 이동', '포털 오브젝트는 숨기기'에 체크합니다.

그다음 NPC 뒷부분의 공간을 클릭하면 파란색 타일이 설정됩니다. 이렇게 설정하고 나면 맵에서 NPC에게 다가가서 F버튼을 눌렀을 때 앞에서 입력한 문제가 뜨고, 정답을 맞히면 NPC가 사라지면서 2층으로 이동합니다.

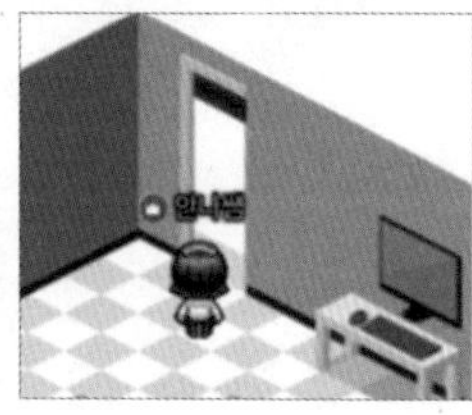

NPC에게 말 걸기(왼쪽), 정답을 맞혀서 NPC가 사라진 모습(가운데),
자동으로 2층으로 이동한 모습(오른쪽)

2층 갤러리 공간 역시 1층과 마찬가지로 비어 있는 벽면에 명화 작품을 '오브젝트 추가'하여 걸어주면 됩니다. 저는 1, 2층에 학생들의 흥미를 북돋을 요소로 '스탬프' 기능을 추가하였습니다. 스탬프 기능은 9장의 〈기본 템플릿으로 교실 공간 만들기〉에서 자세히 설명했기 때문에 간단히 다루겠습니다.

먼저 스탬프 체커의 역할을 할 NPC를 만들어줍니다. NPC 좌측 상단의 톱니바퀴 모양을 더블클릭하여 [오브젝트 설정] - [스탬프]를 클릭합니다. '스탬프 종류'에서는 '스탬프 체커'를 선택합니다. '이름'에는 '스탬프 체커'를, '실행할 동작'은 '텍스트 팝업'을 선택하고, 텍스트를 입력합니다. 저는 '갤러리를 돌아다니면서 스탬프를 다 모았다니! 대단해~ 사진을 찍고 2층 컴퓨터에 방명록을 남기고 선물을 받아봐!'라고 작성하였습니다. '필요한 스탬프 수'는 원하는 만큼 설정하면 되며, 저는 3개의 스탬프를 모으도록 하였습니다.

스탬프 체커 설정하기

스탬프 설정하기

스탬프 체커를 설정하였으니, 이제 스탬프 오브젝트를 지정하면 됩니다. 예를 들어 고흐의 〈별이 빛나는 밤에〉 오브젝트를 스탬프로 지정하고 싶다면, 고흐의 작품 좌측 상단의 톱니바퀴를 더블클릭하여 [오브젝트 설정] - [스탬프]를 선택합니다. 스탬프 번호는 스탬프로 설정하고 싶은 각기 다른 오브젝트에 1, 2, 3 순으로 숫자를 입력하면 됩니다(본문 227쪽 하단 그림 참고).

동일한 방식으로 3개의 오브젝트에 스탬프를 모두 설정하고 나면, 젭 맵에서 사용자가 스탬프를 찾았을 때, '스탬프 찍기' 창이 나타납니다.

스탬프를 모으는 장면

스탬프 현황 안내판

모든 스탬프를 모은 사용자가 '스탬프 체커'를 찾아가면, 맵 제작자가 미리 설정한 내용을 확인할 수 있습니다.

이번에는 방명록을 남길 수 있는 공간을 설정해보겠습니다. 저는 2층 갤러리 공간의 컴퓨터에 오브젝트를 설정하고, '팝업으로 웹사이트 열기'를 선택하였습니다. 웹사이트는 아이스크림 미디어의 띵커벨(띵커보드)을 사용했습니다. 방명록을 남길 수 있는 웹사이트로 패들렛 또는 잼보드를 사용하는 것도 좋습니다.

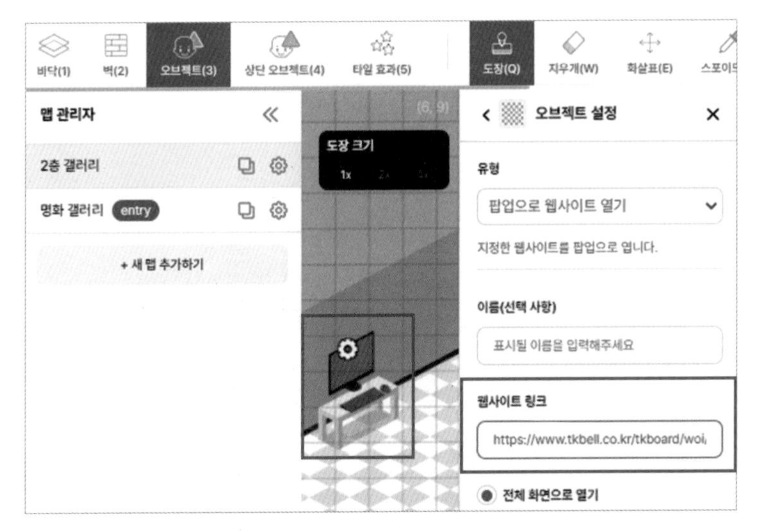

[오브젝트 설정] - [팝업으로 웹사이트 열기]를 이용해 방명록 설정하기

그러면 사용자가 컴퓨터 앞에서 F키를 눌렀을 때 웹사이트로 연동되며, 글을 남길 수 있게 됩니다.

방명록을 남길 수 있는 웹사이트로 연동된 모습

이제 앞에서 했던 대로 오브젝트들을 추가하여 해당 공간을 채워주는 일만 남았습니다. 명화 갤러리 맵의 최종적인 모습은 다음과 같습니다.

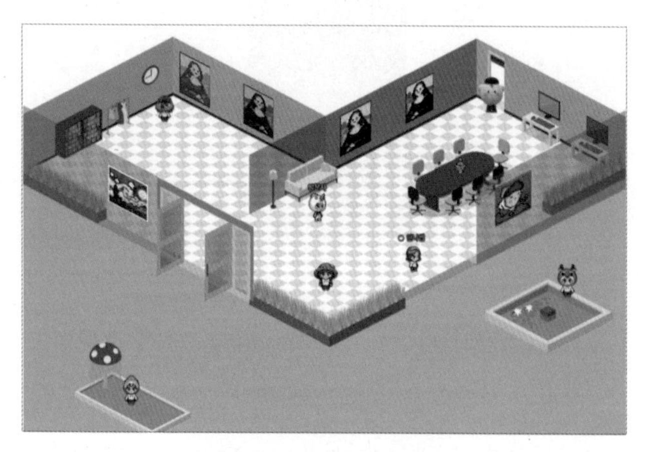

명화 갤러리 1층 메인홀의 모습

명화 갤러리 2층 모습

스페이스 만들기를 끝냈으니, 이제 에셋 스토어에 맵을 등록할 일만 남았습니다. 에셋 스토어에서 우측 상단의 '에셋 업로드'를 클릭, '맵 업로드'를 선택합니다.

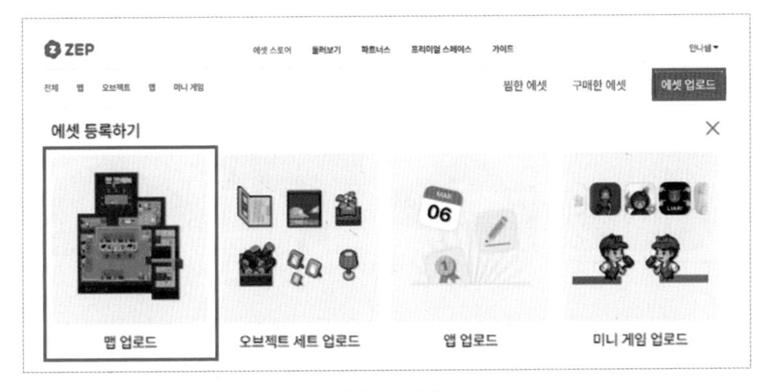

에셋 등록하기

'맵 업로드'를 선택하면 아래 이미지와 같이 맵 이름, 맵 영문 이름을 입력해야 합니다. 저는 '명화 갤러리(Masterpice Gallery)'라고 적었습

에셋 스토어에 맵 업로드하기

니다. 맵 썸네일은 실제 맵의 화면을 포함하여 만들어야 하며, 권장 사이즈는 520×340px입니다. 맵 프리뷰 이미지는 스페이스의 여러 가지 모습을 보여주는 것으로, 최대 5장의 이미지를 업로드할 수 있으며, 권장 사이즈는 1110×570px입니다.

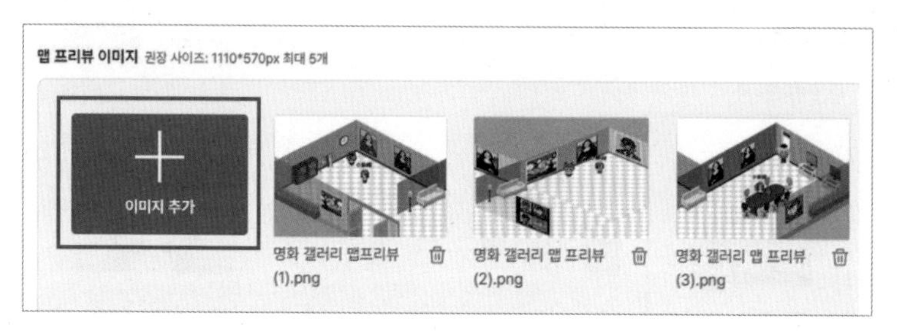

맵 프리뷰 이미지 추가하기

'맵 프리뷰 이미지'까지 추가했다면 간단하게 맵을 소개한 다음, 가격을 설정합니다. 그리고 업로드할 맵을 선택해야 합니다.

에셋 스토어에 업로드할 맵 선택하기

업로드할 맵은 만들어두었던 명화 갤러리 스페이스를 선택 후 '등록하기'를 누르면 됩니다. 맵 업로드가 끝나면 에셋 관리자에서 '심사 중'이라고 문구가 떠 있는 것을 확인할 수 있습니다.

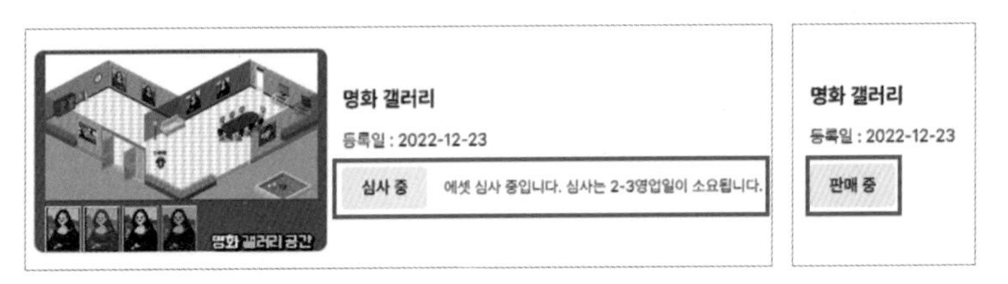

심사 중(왼쪽), 심사 완료 시 보이는 화면(오른쪽)

'심사 중'이라는 문구가 보인다면 제대로 업로드되었다는 뜻이며, 심사가 통과되면 에셋 관리자의 '심사 중' 문구가 '판매 중'이라고 변경됩니다. 심사가 통과되었다고 별도의 연락이 오지는 않기 때문에 개인 계정으로 로그인한 후 에셋 관리자에서 확인해야 합니다.

심사에 통과하였다면 다음과 같이 에셋 스토어에서 자신의 맵이 오픈된 것을 볼 수 있습니다.

심사 통과되어 판매 중인 에셋 스토어 '명화 갤러리' 맵

제4부 〈실전! 젭 크리에이터 되기〉는 교육자가 아닌 일반인 또는 학생도 직접 시도해볼 수 있도록 절차적인 방법과 약간의 팁을 함께 담았습니다. 스스로 오브젝트와 맵을 에셋 스토어에 등록할 수 있다면, 젭 크리에이터로 한 걸음 나아간 것입니다. 이 책에서 언급한 내용들을 바탕으로 나만의 독창적인 창작물을 하나씩 만들어나가면서 스스로의 포트폴리오를 업그레이드해보길 바랍니다.

에필로그

디지털 대전환 시대의 교육과 교사의 역할

오늘날의 시대가 디지털 대전환의 시대라는 것은 누구도 부인하지 못할 것 같습니다. 우리는 삶 속 곳곳에서 디지털 기기, 디지털 매체를 마주하고 있습니다. 삶의 많은 부분에 디지털이 침투되어 있죠. 이미 우리가 초·중·고등학교에서 만나는 아이들은 디지털 원주민이라고 불리는 세대입니다. 그리고 교육자인 우리는 디지털 이주민이죠.

디지털 이주민과 원주민이 함께 살아가는 오늘날, 아이들에게 '무엇을', '어떻게' 가르쳐주어야 할지는 항상 교육자들의 중요한 화두입니다. 특히 디지털 매체를 교육에 적용할 때 '어떻게' 가르칠 것인지는 항상 고민거리이기도 하지요. 하나의 정답이 없는 문제라서 그렇습니다.

세상이 '디지털화'되어간다고 해서 모든 것이 '디지털화'되는 것이 필수이거나 반드시 옳은 것만은 아닙니다. 전통적으로 중요하게 여겨왔던 가치, 철학, 본질은 시대가 변화해도 여전히 중요합니다. 하지만 오늘날 아이들이 살아가는 현재와 미래에 '디지털 역량'이 필수 소양이 되어가고 있는 것 또한 분명한 사실입니다.

그래서 오늘날의 교육자는 디지털을 교육에 어떻게 접목시킬지에 대한 고민을 함께해야 합니다. 과거에는 생각해본 적 없던 것들에 대해 생각하고, 새로운 것을 시도해볼 필요가 있습니다.

스마트폰이 보급되던 초창기에는 많은 교육자와 학부모가 아이들에게 '스마트폰을 그만' 사용하게끔 종용했습니다. 매일 스마트폰과의 전쟁을 벌였다고 해도 과언이 아닐 만큼, 스마트폰을 사용하고자 하는 욕망과 교육적으로 멈추게 하고자 하는 의지가 첨예하게 부딪쳤죠. 지금도 각 가정에서는 매일 스마트폰, PC와의 전쟁이 벌어지고 있을 것입니다.

물론 스마트폰, PC와 같은 기기를 아이들이 장시간 사용하는 것으로 인한 문제점을 우리는 잘 알고 있습니다. 그렇기 때문에 그 시간을 더 알차게 보내게 하기 위해서, 중독으로 빠지지 않게 하기 위해서 등 여러 가지 이유로 '제한'해왔습니다. 이 제한은 나름이 이유가 있는 합리적인 제한이었습니다. 하지만 오늘날 어른 아이 할 것 없이 모두가 스마트폰 같은 디지털 기기를 손에서 떼지 못하는 상황에서 '제한'의 설득력은 점점 힘을 잃어가고 있죠. 더군다나 시대적 흐름 또한 디지털 전환의 시대로 변화하고 있습니다. 이제 '제한'을 넘어선 '활용'에 초점을 맞춰야 할 시기가 온 것입니다.

무조건 하지 못하게 하는 것이 아니라, '어떻게' 활용할 것인지를 알려주고, 긍정적이고 생산적인 방향으로 디지털 매체와 친숙해질 수 있게 도울 필요가 있습니다. 그것이 디지털 대전환 시대의 교육과 교사에게 주어진 새로운 역할이라고 생각합니다.

이 책은 『교육을 위한 메타버스 탐구생활』의 후속편으로, 젭(ZEP)

을 교육적으로 활용하기 위한 입문서이자 활용서입니다. 폭풍과도 같은 코로나가 우리 삶의 양상에 변화를 주고, 학교 교육 현장을 크게 휩쓸고 지나간 후에도, 우리의 삶은 변함없이 계속되고 있습니다. 메타버스에 대한 전 세계적인 관심이 치솟았다가 사그라드는 지점에서도 교육은 지속됩니다.

디지털 시대를 살아가는 교육자로서, 디지털 매체를 교육에 활용하고자 하는 시도는 분명 우리 아이들에게 도움이 되리라고 생각합니다. 누군가가 알아주지 않아도 끊임없이 시도하고, 연구하는 많은 선생님과 젭을 활용하고자 하는 분들께 이 책이 도움이 되길 간절히 바랍니다.

지은이 **조안나**

(annasam0322@naver.com / https://blog.naver.com/annasam0322)

메타버스라는 말에 익숙해진 시대를 살고 있습니다. 수많은 메타버스 플랫폼 중에 교육에 활용하기 쉬운 플랫폼 중에 젭을 선택하게 되었습니다. 젭은 유료화에 대한 부담도 거의 없고 완벽한 한글화, 쉬운 사용법, 다채로운 에셋 등 많은 장점을 가지고 있습니다. 교육현장에 분명 유의미한 도움을 줄 수 있을 거라 생각합니다. 교육현장에서 고군분투하시는 소중한 분들게 이 책을 바칩니다.

지은이 **조재범**

(bestcho74@gmail.com / https://www.youtube.com/@bestcho)

『교육을 위한 메타버스 탐구생활』을 집필한 지 벌써 1년이 되어가는 시점에 젭(ZEP)을 주제로 한 후속편을 출간하게 되었습니다. 젭과 안에 담긴 콘텐츠들이 꾸준히 업데이트되는 상황에서 선생님들께서 느낄 혼란을 줄이고, 쉽게 이해하고 현장에 적용할 수 있도록 많은 준비를 했습니다. 이 책을 통해, 선생님들께서 부담 없이 젭을 학교 현장에서 사용하실 수 있으면 좋겠습니다. 집필을 끝까지 할 수 있게 늘 응원해주고 격려해준 사랑스러운 아내와 10개월에 접어든 아들에게 고맙고 사랑한다는 말을 이 글을 빌려 이야기하고 싶습니다.

지은이 **배준호**

(bjh4042@naver.com / https://instargram.com/joono_0729)

교육을 위한 **젭 ZEP 탐구생활**

초판 1쇄 2023년 4월 27일
지은이 조안나, 조재범, 배준호 | **편집** 북지육림 | **본문디자인** 히읗
제작 명지북프린팅 | **펴낸곳** 지노 | **펴낸이** 도진호, 조소진
출판신고 2018년 4월 4일 | **주소** 경기도 고양시 일산서구 강선로 49, 911호
전화 070-4156-7770 | **팩스** 031-629-6577 | **이메일** jinopress@gmail.com

ISBN 979-11-90282-68-0 (03560)